青少年应急自救知识读本

掌握应急自救知识,提高自我保护能力

学生科普
重点推荐

# 滑坡、泥石流防范与自救

了解应急自救知识,
提高自我保护意识,增强自我保护能力
运用知识、技巧,沉着冷静地化解危机

金 帛◎编著

河北出版传媒集团
河北科学技术出版社

### 图书在版编目(CIP)数据

滑坡、泥石流防范与自救／金帛编著. --石家庄：河北科学技术出版社，2013.5(2021.2重印)
ISBN 978-7-5375-5878-5

Ⅰ.①滑… Ⅱ.①金… Ⅲ.①滑坡-灾害防治-青年读物②滑坡-灾害防治-少年读物③泥石流-灾害防治-青年读物④泥石流-灾害防治-少年读物⑤滑坡-自救互救-青年读物⑥滑坡-自救互救-少年读物⑦泥石流-自救互救-青年读物⑧泥石流-自救互救-少年读物 Ⅳ.①P642.2-49

中国版本图书馆CIP数据核字(2013)第095895号

**滑坡、泥石流防范与自救**
huapo nishiliu fangfan yu zijiu
金帛　编著

| 出版发行 | 河北出版传媒集团 |
| --- | --- |
| | 河北科学技术出版社 |
| 地　　址 | 石家庄市友谊北大街330号(邮编:050061) |
| 印　　刷 | 北京一鑫印务有限责任公司 |
| 经　　销 | 新华书店 |
| 开　　本 | 710×1000　1/16 |
| 印　　张 | 13 |
| 字　　数 | 160千字 |
| 版　　次 | 2013年6月第1版 |
| | 2021年2月第3次印刷 |
| 定　　价 | 32.00元 |

# 前言 Foreword

　　滑坡、洪灾、地震、崩塌、泥石流等各种地质灾害对人类的威胁一直没有停止过,给人类生命财产造成重大损失。

　　我国一直是世界上遭受自然灾害较严重的国家之一。据有关统计数据表明,我国近年来,每年因自然灾害、事故灾难等突发事件造成的人员伤亡逾百万,综合经济损失高达上千亿元。

　　悲惨的事实告诉我们,薄弱的防灾减灾意识以及自救互救知识的缺乏是造成人员伤亡的主要原因。生命只有一次,对生命的尊重和珍视是人类社会不变的主题和永恒的追求。爱惜生命,对每一个生命负责,要求我们通过各种办法提高自己的应灾自救能力,熟练掌握自救基本常识、专业知识和技能技巧,这样,当自然灾害不期而至,我们才不至于惊慌失措,错过在灾害中营救自我和他人的最佳时机。

这是一本关于如何防范地质灾害的书籍，它的落脚点集中在崩塌、滑坡、泥石流等地质灾害的主要危害、分布特征、形成条件、易发地区、发生前兆、怎样预防、如何避让、灾害应急措施、可能引起的次生灾害、监测预警方法以及如何治理等。叙述全面翔实，还有生动的图文以方便青少年读者理解。

# 前言
Foreword

滑波、泥石流防范与自救

## 认识滑坡

目录 Contents

滑坡的分类 ······················································· 2
滑坡的构成要素 ················································· 8
滑坡的规律 ······················································· 10
滑坡的分布现状 ················································· 12
滑坡形成的条件 ················································· 13
滑坡的诱发原因 ················································· 22
稳定和不稳定的滑坡分辨 ····································· 26
其他灾害引起的山体滑坡 ····································· 27
滑坡引起的次生灾害 ············································ 29
滑坡的灾害等级 ················································· 30
滑坡的危害性 ···················································· 31

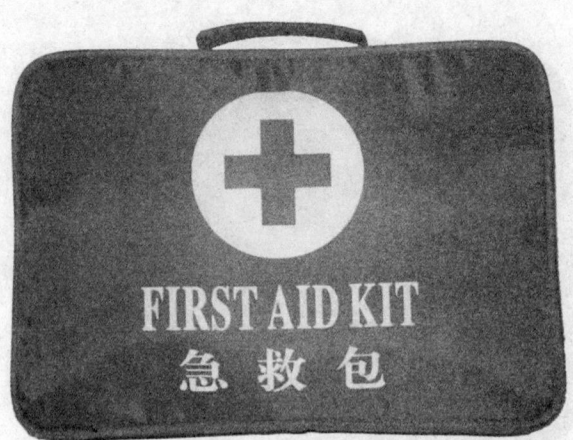

## 了解和预防水库滑坡

水库滑坡的分类 …………………………………… 34
水库与滑坡的关系 ………………………………… 36
水库滑坡的特点 …………………………………… 37
影响水库滑坡形成的因素 ………………………… 39
水库滑坡的预防和治理 …………………………… 44
水库滑坡的危害 …………………………………… 56
预测预警是防止水库滑坡的重要措施 …………… 58

## 滑坡的预防和救助

滑坡的监测 ………………………………………… 60
滑坡发生的前兆 …………………………………… 61
滑坡发生时的现场自救 …………………………… 65
滑坡发生时的躲藏地点 …………………………… 70
滑坡灾害的救灾系统 ……………………………… 71

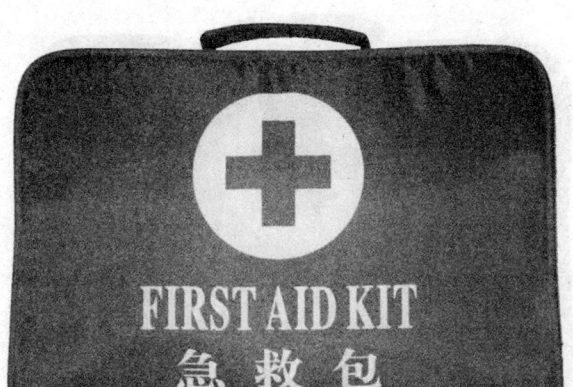

### 滑坡的灾后恢复和重建

滑坡灾难的评估 …………………………………… 76
滑坡的灾后重建 …………………………………… 78
不可忘却的滑坡 …………………………………… 82

### 认识泥石流

泥石流的分类 ……………………………………… 90
泥石流的规律 ……………………………………… 102
泥石流的分布特点 ………………………………… 110
世界泥石流的特征 ………………………………… 112
泥石流引起的次生灾害 …………………………… 113
泥石流形成的必备条件 …………………………… 114
泥石流形成的基本条件 …………………………… 116
泥石流的诱发因素 ………………………………… 127
泥石流的危害 ……………………………………… 129

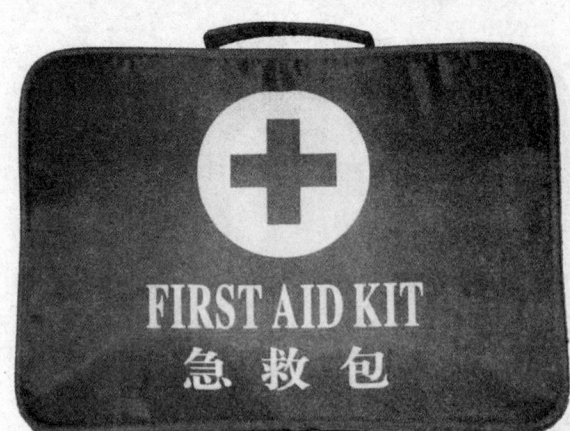

产生泥石流的外部因素 …………………………… 132
地质历史时期的泥石流活动 ……………………… 137
泥石流和山体滑坡的区别 ………………………… 139

## 泥石流的预防和救助

泥石流的预防机构 ………………………………… 142
泥石流发生的前兆 ………………………………… 144
泥石流发生时的现场状况 ………………………… 145
泥石流发生时的躲藏地点 ………………………… 146
发生泥石流时应采取的方法 ……………………… 147
泥石流灾害的救灾系统 …………………………… 152

## 泥石流的灾后恢复和重建

泥石流的灾后重建 ………………………………… 156
不可忘却的泥石流 ………………………………… 165

滑波、泥石流防范与自救

## 准备好你的"救生书"

目录

面对灾害的心态 ………………………………… 168
准备好"急救箱" ………………………………… 169
生存的基本需要 ………………………………… 171
发送求救信号 …………………………………… 176
确定方向的方法 ………………………………… 179
昏迷患者的救助方法 …………………………… 182
心跳停止时应采取的方法 ……………………… 184
人工呼吸方法 …………………………………… 188
脱臼时应采取的方法 …………………………… 191
骨折时应采取的方法 …………………………… 192
伤员的包扎 ……………………………………… 194
休克时应采取的方法 …………………………… 197

# 认识滑坡

滑坡、泥石流防范与自救

# 滑坡的分类

## 按滑坡体物质分类

（1）土质滑坡：发生在松散未固结的黏性土或砂性土斜坡上的滑坡造成的灾害。常常因受暴雨或洪水诱发造成滑坡灾害。根据土的性质进一步分为黄土滑坡、黏性土滑坡、堆积层滑坡等。

（2）半岩质滑坡：滑动面呈现折线形、圆弧形的滑坡。

（3）岩质滑坡：在岩层斜坡中发生滑坡造成的灾害。大多沿岩层层面、断裂破碎带、节理裂隙密集带以及强度较低、塑性变形较强的软弱夹层发生滑动。岩质滑坡以软硬相间的层状、薄层状沉积岩以及片理化岩石分布区最为常见。平面形态多为纵长式或纵横均等式或近似梯形。在剖面上由于不同滑动面各部分滑速不均，在滑动体上形成多级台阶，并且在滑坡壁上出现滑坡擦痕或擦沟。岩质滑坡滑动规模相差悬殊，经常有大型和巨型滑坡造成严重危害。

## 按滑坡诱发因素分类

20世纪70年代以来,根据诱发滑坡的主要因素,人们将其划分为多种类型,主要讲叙地震滑坡、暴雨滑坡、融冻滑坡、人为(工程)滑坡。

(1)地震滑坡:指地震震动引起岩体或土体沿一个缓倾面剪切滑移一定距离的现象。滑移的岩体或土体称滑坡体;剪切面叫滑移面。

(2)暴雨滑坡:暴雨可以作为"润滑剂",使滑坡的滑动面上更容易滑动,从而引起滑坡。

(3)人为(工程)滑坡:在一定条件下,工程开挖和蓄水、排水等人为动力作用引发的滑坡。这类滑坡有的是由人为工程活动直接诱发的新滑坡,有的是由人为工程活动使老滑坡复活而产生的滑坡。

(4)融冻滑坡:坡面由于负温度作用,边坡土层中的上层水分冻结,化冻期间冻融层含水量超过极限,剩余水分不能及时地渗透或者排除,土层强度和边坡稳定性急剧下降,从而导致滑坡。

(5)侵蚀滑坡:坡面在外力(水、风)作用下被破坏剥蚀从而导致滑坡。

(6)冲刷滑坡:水冲刷坡面,形成的滑坡。

(7)加载滑坡。

(8)渗漏滑坡。

(9)液化(浮涌)滑坡。

## 按滑坡体规模大小分类

以滑体体积反映滑坡规模大小为主要指标,将其分为:

(1)微型滑坡。此类滑坡的规模最小,体积在1万立方米以下。

(2)小型滑坡。此类滑坡的体积为1万~10万立方米。

(3)中型滑坡。此类滑坡的体积为10万~100万立方米。

(4)大型滑坡。此类滑坡的体积为100万~1000万立方米。

(5) 特大型滑坡。此类滑坡的体积为 1000 万～1 亿立方米。

(6) 巨型滑坡。此类滑坡的规模最大，体积在 1 亿立方米以上。

## 按滑坡发生时代分类

以河流侵蚀期作为划分滑坡发生时代的依据：

(1) 新滑坡。正在反复活动或者停止活动不久，仍然存在滑动危险的滑坡。新滑坡具有很大的潜在危险性，是监测、预防、治理的主要对象。

(2) 老滑坡。如果稳定期能达到 2～3 年，人们就称它为老滑坡体。

(3) 古滑坡。如果一个滑坡体的稳定期能够达到 10 年以上，人们称它为古滑坡体。

## 按滑坡受力情况分类

滑坡与力有关，所以，根据受力情况将滑坡划分为：

(1) 牵引式滑坡。主要是指滑坡体前部首先发生滑动，前面失去了支撑，后面的坡体也跟着滑动的滑坡叫做牵引式滑坡。

(2) 推动式滑坡。这类滑坡跟牵引式滑坡刚好相反，它首先发生滑动的部位是坡体后部，由于后部施与前部一个推挤力，所以它的前部坡体也跟着发生活动。它的滑坡范围是从后往前的。

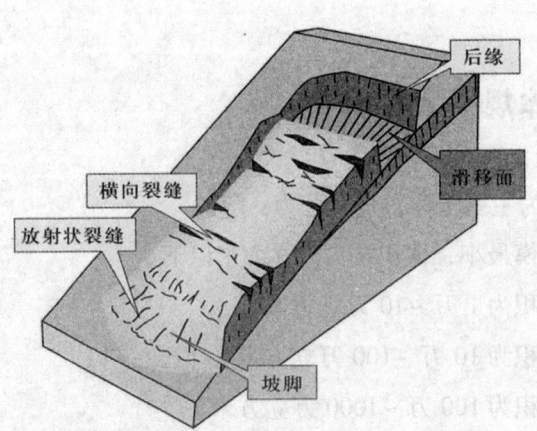

(3) 混合式滑坡。结合以上两种滑坡的特性，在前后共同作用力下发生的滑坡。

滑坡体的力学特征和发展趋势就是根据这种分类方法判断的，它是一种常用的分类方法，能够合理地布置有效滑坡治理工程。

## 按滑坡的运动速度分类

根据滑坡在滑动过程中的速度，将其分为：

（1）蠕动型滑坡。此类滑坡的滑速最慢，在0.1米/秒以下。

（2）慢速滑坡。此类滑坡的滑速为0.1~1.0米/秒。

（3）中速滑坡。此类滑坡的滑速为1.0~5.0米/秒。

（4）高速滑坡。此类滑坡的滑速为5.0~20米/秒。

（5）剧冲型滑坡。此类滑坡的滑速最快，在20米/秒以上。

## 按滑动面的埋藏深度分类

根据工程上的需要，可以按照滑移面的埋藏深度将其分为：

（1）表层滑坡。这类滑坡很容易施工，其滑面埋深在3米以上。

（2）浅层滑坡。这类滑坡容易施工，其滑面埋深为3~10米。

（3）中层滑坡。这类滑坡可以施工，其滑面埋深为10~30米。

（4）深层滑坡。这类滑坡施工有些困难，其滑面埋深为30~50米。

（5）超深层滑坡。这类滑坡很难施工，其滑面埋深在50米以上。

## 按易滑岩组分类

可以根据易滑岩组种类将滑坡分为10种类型，主要讲融冻滑坡、偶滑地层滑坡、红色地层滑坡、煤系地层滑坡。

（1）融冻滑坡：黄土丘陵地带的易滑坡体中的冰雪开始融化，一些滑坡体不稳下滑，导致发生滑坡灾害事件。雨季和冻融期都是滑坡地质灾害的高发期，冻融所致的滑坡多发生在北方黄土丘陵或山地地区，此类地质相似地区应加强监控，防范灾害发生。

（2）偶滑地层滑坡：由偶夹软弱岩的硬质岩组成的岩性组合被称为偶滑岩

组，硬岩石沿着某一层软弱的夹层滑动的情况很少发生。在硬岩层内很难发生滑坡。

(3) 红色地层滑坡：红层是以红色陆沉积为主的碎屑沉积岩层，岩性以砂岩、泥岩、粉砂岩和页岩为主。它的形成条件独特，具有特殊的工程性质，是典型的易滑地层，边坡稳定问题非常突出。分布于中国西南地区。受其中遇水后易泥化、软化的页岩和泥岩的影响，如果它的岩层和坡向倾向相同的话，那么它的顺层滑坡和松散堆积物沿就会形成岩层风化面，就很容易发生基岩面滑动的情况，而由红层所形成的滑坡堆积物很容易形成再次滑动的情况。地表水往往就是通过红层中的陡倾角裂隙伸进去的，当出现暴雨时，坡体极易突然滑动，暴雨就会产生极大的孔隙水压力。不过坡体能够在很短的时间内恢复稳定状态，因为孔隙水压力会随着坡体滑动很快的减低或者完全消失。

1982年、1989年和2002年，重庆市境内和四川东部因为突降暴雨，连绵几天，使孔隙水压力突然加大多倍，从而引起了滑坡。其中85%以上的滑坡就是在红层中发生的。鸡扒子滑坡就是最为典型的一个实例，它是在侏罗纪地层中发生的老滑坡局部复活的现象。尽管该滑坡在几年内都是稳定的，但是，1982年7月18日14时，持续不断的暴雨使得它的孔隙水压力超过了它的抵抗力，从而再次快速滑动起来，在几个小时之内，就滑移了100～300米，其滑坡体有1200米长，300～850米宽，体积估计有1300万立方米，最后，滑坡的前部滑进了长江。连续的暴雨和暴雨过程中因小滑坡引起的侧方石板沟堵塞，使得坡体完全承载了上游汇集的水，从而使孔隙水压力不断增大，最终使它再次"复活"，造成巨大灾害。

红层滑坡的规模有小有大，其中，小的滑坡体积仅仅数千立方米，而大的滑坡体积可达数千万立方米，有着相当大的差距。此外，其滑动速度也有着较大的差异，这受孔隙水的压力或滑动面的倾斜度的限制，如果滑坡滑行很大的话，那么就能够说明孔隙水压力很大，或者说明滑动面很陡。

（4）煤系地层滑坡：煤层总是产于特定的岩石组合中。地质学家将这种组合的岩石，叫煤系地层。煤系地层主要分布在中国的西部。上覆地层沿煤层或其顶、底板黏土岩层滑动的现象就常常发生在煤系地层中。这类滑坡的规模很大，往往是巨型滑坡，破坏力极大。此外，还有次一级滑坡经常发生在这些巨型滑坡之上。较易发生滑动的还有煤系地层所形成的松散堆积物。在贵州西北部煤田区和川南煤田区，就发生过巨型滑坡。

例如，贵州大方县城里的古滑坡。该滑坡体有着极大的规模，其长为2300米，平均宽为1600米，体积约4.4亿立方米。滑坡体伴随着明显的分级，一眼就可以将广泛分布在沿各级滑坡间阶坎处的出水点识别出来。

随着城镇工业化的发展，城镇人口的增加，生活中和生产中的大量废水随着坡体漫流而下，并且没有对它进行系统维修，因此，使表层的坡面损坏严重，人们防范意识较低，从而造成不必要的麻烦和灾害。例如四川古蔺县复陶柏阳坝古滑坡，可以说是中国滑坡之最，滑体的平均厚度为250米，最厚处达

到300米，表面积为10平方千米，体积竟达25亿~30亿立方米。因为山体滑坡，它上层的煤层已经随着滑坡流走，但是，不能忽视的是在它的滑坡体下面还蕴藏着厚75米的煤层，这是一笔巨大的财富。

能直接影响坡体稳定性并诱发大型滑坡，且能导致古滑坡复活的因素是地下采空。人为因素在煤系地层滑坡的发生发展过程中起着相当明显的诱发作用。

（5）成都黏土滑坡。

（6）半成岩地层滑坡。

（7）玄武岩地层滑坡。

(8) 千枚岩地层滑坡。

(9) 砂板岩地层滑坡。

(10) 黄土滑坡与红色黏土（岩）滑坡。

# 滑坡的构成要素

## 滑坡的各部位特征

(1) 滑坡体：简称滑体，是滑坡的具体表现。主要是指脱离斜坡母体、发生移动的那部分岩土体。

(2) 滑动面：简称滑面，又叫滑动镜面或滑坡镜面，主要是指滑坡体滑动的界面。滑动面一般情况下很平整。当滑坡沿着一层数毫米甚至数米厚的剪切带开始滑动的时候，它的这个界面就叫做活动带，我们所说的滑动面就隐藏在滑动带里面。

(3) 滑坡床：简称滑床，主要指滑坡体下面稳定的岩土体。

(4) 滑坡后壁：指因为滑坡体的下滑移动，从而使滑坡的主裂缝的外侧暴露出来，暴露出来的陡壁就叫做滑坡后壁。由滑坡后壁最高点的经度和纬度共同定位的那个滑坡位置点，叫做滑坡顶点。

(5) 滑坡侧壁：位于滑动体两侧的陡壁叫做滑坡侧壁。滑坡后壁与滑坡侧壁相互连接，连绵延伸。

(6) 滑坡洼地：是指由于滑坡体陷落而在滑坡后缘裂缝一带形成的洼地。

(7) 滑坡湖：是指由于滑坡后壁的地下水冒出地面形成的沼泽或积水洼地。

（8）滑坡台地：是指因坡度变缓导致滑坡体表面形成的台地。

（9）滑坡台坎：是指在滑坡滑动过程中发生分段解体时，在每段滑坡体之间形成的阶坎。

（10）滑坡剪出口：是指在滑坡体的最前端，滑动面与地面所形成的交线。

（11）滑坡主轴线：是指将滑坡体两侧边界中点相连，这条看不见的连线，就是滑坡主轴线。滑坡体运动各点在此线上应是速度最快的。一般线呈直线，但有时由于受到滑床的影响而呈现折线形或弧形。

## 滑坡地表裂缝

在滑坡发育的过程中，滑坡地表裂缝是最早出现的地表特征，人们根据它的出现可以及时了解滑坡的相关信息，为采取躲避措施和自救赢得宝贵的时间，避免不必要的伤亡和损失。

（1）拉张裂缝：拉张裂缝是由于滑坡体向前、向下移动而产生在滑坡后缘位置的主要裂缝。刚刚出现的拉张裂横缝是连续不断的，随着时间的推移慢慢就会发展成为一整裂缝或者裂缝带，这时出现的裂缝带叫做主裂缝，它就是滑坡发生的标志。岩质滑坡和土质滑坡的拉张裂缝形状不尽相同，岩质滑坡后缘裂缝的形状是锯齿形或直线形，而土质滑坡后缘裂缝的形状是弧形。后缘裂缝的长度、宽度、深度也都因滑坡的移动距离、偏移方向，滑坡体厚度的不同而出现不一样的情况。在主裂缝前后还可以见到一些拉张裂缝，前后不同的拉张裂缝所标志的情况现象也不同，位于前方的拉张裂缝就是滑坡体分级解体的标志。位于后方的拉张裂缝则标志着滑坡后壁上岩土体松动和失稳。

（2）剪切裂缝：滑坡体的中部和前部的两侧容易形成剪切裂缝，它是因为滑坡体移动时与两侧的稳定坡体产生剪切作用形成的地表裂缝。初期的剪切裂缝形状呈"X"形状，且众多的"X"形裂缝按照雁行状排列。随着滑坡发育的逐渐成熟，最终会在滑坡体两侧各发育成一条剪切裂缝（带）。

（3）鼓张裂缝：是指在滑坡体经过剪切口时，因为地表摩擦阻力的增大和地形坡度发生变化致使出现上拱断裂，从而造成横向裂缝。

（4）放射裂缝：由于滑坡体向左、右扩张而形成的裂缝，呈扇形分布，位于鼓张裂缝的前方。

# 滑坡的规律

## 滑坡的时间规律

滑坡的活动时间主要跟地震、降温、冻融、海啸、风暴潮及人类活动等诱发滑坡的各种外界因素有关。总结有以下规律。

1. 同时性

有些滑坡受到诱发因素的作用，就会立刻暴发。例如强烈地震、暴雨、海啸、风暴潮等发生时，以及人类不合理的活动如开挖、爆破等出现时，就会形成大量的滑坡。

2. 滞后性

有些滑坡则是在诱发因素发生后才发生。比如说降雨、融雪、海啸、风暴潮以及人类活动发生之后，滑坡才会发生。最具代表性的就是降雨诱发型滑坡。这类滑坡多发生在暴雨、大雨和长时间的连续降雨之后，滞后时间的长短与滑坡体的岩性、结构及降雨量的多少有关。一般来说，滑坡体越松散、孔隙水压力越大、降雨量越大，则滞后时间越短。另外，人工挖开坡脚之后，堆积和修理水库蓄、泄水之后发生的滑坡也属于这类。人为活动因素诱发滑坡的滞后时间的长短与人类活动的强度大小以及滑坡的原先稳定程度有关。人类活动破坏力越大、滑坡体的稳定程度越低，滞后时间则越短。

3. 周期性

通过大量的资料显示，自然灾害的发生，存在着一定的规律性，这种规律模糊不定，但真实存在。例如西藏易贡藏布 2000 年 4 月 9 日发生的扎木隆巴特大滑坡，根据以前的资料记载，1902 年原地发生过近 3 亿立方米的巨型滑坡，时间间隔为 98 年，可视其周期为 100 年。地震、暴雨等自然灾害都有一定的规律性。已经发现许多灾害过程与天文事件的周期性有关。滑坡的形成、活动规律、发生频率与地壳运动的规律有关。

## 滑坡发生与地域的关系

因为滑坡的构成需要基本条件，而具备这些条件的地域分布有规律，所以滑坡的分布也是有规律的。而许多滑坡触发条件也同样具备地域分布规律。所以，掌握滑坡发生的基本条件，并且及时了解它的触发条件，就能够预知哪些

地方可能发生滑坡，从而有时间做好减灾、避险工作，达到减少灾害损失的目的。以下地带是滑坡的易发和多发地区：

（1）江、河、湖（水库）、海、沟的岸坡地带，地形相差较大的峡谷地区，山区、铁路、公路、工程建筑物的边坡地段等。这里的地形地貌有利于滑坡的形成。

（2）地质构造带之中，如断裂带、地震带等。一般情况下，地震烈度大于Ⅷ度的地区，坡度大于25°的坡体，在发生地震的时候都容易发生滑坡。断裂带中的岩体破碎、裂隙变大，则非常有利于滑坡的形成。

（3）易滑（坡）的岩、土分布区。例如泥岩、页岩、煤系地层、松散覆盖层、黄土、凝灰岩、片岩、板岩、千枚岩等岩、土的存在，给滑坡的形成提供了必备的物质基础。

（4）暴雨多发区或异常的强降雨地区。在这些地方，因为常常降雨，这样就为滑坡的发生提供了有利的诱发因素。

上述地带的叠加区域，就构成了我国滑坡发生的密集区域。例如从太行山到秦岭，经鄂西、四川、云南到藏东一带就是这种典型地区，滑坡发生的频率很高，危险程度很大，造成的损失很严重。

# 滑坡的分布现状

我国地幅辽阔，山系众多，环境复杂，很多山都发生过多次不同程度的滑坡。从长白山到海南岛、从台湾岛至青藏高原都是发生过灾害的区域。相对比较而言，在南北方向上，秦岭—淮河一线大致上与年降雨量为 800 毫米的等值线相吻合，用它作为界限，那么南部的滑坡灾害聚集密布，北部相对较少。在东西方向上面，以第一阶梯东部大兴安岭—张家口—兰州—西藏林芝一线为界,东部聚集比较密集,西部相对较少;以第二阶梯的东缘大兴安岭—太行山—鄂西山地—云贵高原东缘为界,西部地区的滑坡分布较密,而东部地区的则较稀少。在上面提到的那两条分界线之间,即第一阶梯的东部和第二阶梯西部,如云南、贵州、四川三省,甘肃南部、西藏东部和黄土高原沟壑区,是我国的滑坡发生的密集区和多发区。而台湾地区、闽浙丘陵和喜马拉雅山南麓则是其第二分布地。其他地区的滑坡灾害主要在湖、河、堤坝、水库边和道路两边的边坡等位置发生。

# 滑坡形成的条件

## 滑坡形成条件概述

地球表面的岩石大多数是层状分布的。去过大峡谷的人都会看到这些分层的岩石。这些岩石有的是水平的,有的是倾斜的,有的厚,有的薄。造成滑坡的根本原因是重力。只要是地球上的东西都会受到重力,并且一直存在。一般情况下,重力都是平衡的。即使沿面下滑,也构不成滑坡的条件。滑坡的发生往往是因为外界其他因素引起的,就像是我们过年的时候放的鞭炮一样,你要不用明火引燃,它就不会爆炸,你一点燃,它就

会发出惊天动地的声音。当外界的因素突然使保持平衡的重力失衡，变成了引起下滑的下滑力，在瞬间释放，那么就形成了滑坡。我们把那些外界的能够引起滑动的变化，称为滑坡的触发因素。

前面我们也提到了一些能够触发滑坡的原因，其最主要的三个原因如下。

1. 地震

地震是触发滑坡的重要原因之一，因为地震产生的滑坡往往突然、巨大，造成的损失严重。世界上最大的滑坡都是因为地震引起的。

2. 水

触发滑坡的水主要是指连续的降雨和冰雪融化的水，这些水使土壤饱和、润滑、浮升，造成滑坡。

3. 人

人类不合理的开发和挖掘，破坏了山体的力学平衡，容易导致滑坡的产生。

## 滑坡形成的地质构造条件

陡倾、层面、顺层、节理、缓倾、裂隙等直立的坡体软弱结构面都是可能引起滑坡的主要条件。在自然界中，滑坡多发于断层破碎带。因为岩石、山坡受到重力的影响，在弯曲移动的时候，软弱结构面就会成为控制滑坡规模及其性质的重要边界条件。滑坡发育与地质构造背景息息相关，因为在发生地质构造运动的时候，不知不觉中就会形成各种各样的软弱结构面，有的就有可能是滑坡的边界面。比如说原生软弱夹层、沉积间断面、裂隙、劈理、节理等。可能发展成为滑动面的主要软弱结构面有：

（1）缓倾状态的大型节理面。

（2）覆盖层与岩层的界面，它们之间存在的差异性使它们不仅拥有岩性界面，而且还有水文地质界面。因此比较容易发生滑坡。

（3）可能存在的软弱面。

（4）坡度较小的岩层层理面。

（5）由泥质、黏土组成的层、裂隙。

（6）由本地堆积层和外来堆积层一起组成的堆积层界面，这种由不同岩层构成的堆积面可能发展成为软弱面。

（7）断层泥、断层面组成的界面。

（8）软弱夹层面。

以下几种情况为可发展成滑坡后壁、侧壁的主要软弱结构面：

（1）陡倾的断层面。

（2）沉积边界面。

（3）各种陡倾节理。

## 卸荷裂隙

事实上，我们还需要注意滑坡中的卸荷裂隙。卸荷裂隙在坡体中普遍存在，无论坡体高矮，对原生结构面和构造结构面的增长和拓宽起到非常大的作用。这种作用能切割坡体，使坡体更加破碎，甚至还会出现新的卸荷裂隙，使平行或略陡于坡面的缓倾角呈现出来，这种卸荷裂隙会逐渐发育成剪切面，然后使滑坡形成。

## 滑坡形成的外部条件

1. 降雨

根据调查研究，80%以上的滑坡发生在雨季。一场大雨正在下，或者是下完一场大雨之后，很容易发生滑坡。雨水对坡面的作用：

（1）侵蚀、软化作用。水滴石穿，雨水对岩石有很强的软化作用，特别是对软弱岩，因为雨水不能透过这些软弱岩，只好停留在它的表面，这样就会增加对软弱岩的侵蚀作用。受过侵蚀的岩土的抗剪能力明显变弱，这样容易产生滑坡。

（2）增重作用。雨水渗透进岩石之后，岩石的重量就会快速增加，再加上雨水在渗入地下后产生的静水压力和动水压力，这样就破坏了山坡本来的平衡

状态，这时平衡状态就转变成了滑动状态，从而使滑坡产生。

（3）水劈作用。当大量的雨水流进拉张裂缝后，裂缝中的水就能产生较大的侧向压力，就像有一双手把裂缝壁向两边推一样，促使滑坡发生。

降雨时长和降雨强度都对滑坡产生影响。实际情况表明：降雨的时间越长，降雨量越大，滑坡发生的次数就会越多。很多时候连续不断的降雨比短时间的暴雨更容易发生滑坡。

2. 地下水

地下水活动破坏滑坡的稳定性，大多数地下水来自降雨。主要表现在：

（1）它削弱岩（土）体抗滑力，改变滑坡的力学性能，降低滑坡的强度，尤其是软弱结构面的抗剪强度。

（2）它改变坡体的应力状态，增加水压力（包括动、静两部分）。地下水对滑坡稳定性的作用力主要是指静水压力（浮力）和动水压力（渗透力）。

（3）地下水对岩土层裂缝内的充填物有软化作用，在流动的过程中，将一些细小的颗粒带走，这样就降低了缝内充填物的凝聚力。

3. 地表水

在滑坡形成的过程中起到非常复杂的作用。主要表现在：

（1）地表水会跟降雨混在一起，随着运动逐渐流进坡体里面，成为地下水。

（2）江、河、湖、海等地表水，常年对着岸坡冲刷，有淘蚀的作用，特别是针对正常高水位和最低水位之间的软质岩层，腐蚀最大，容易发生滑坡。

（3）横向环流对河流凹岸冲刷的时候产生腐蚀，容易造成滑坡。

（4）我国北方春融期的浮冰对岸坡滑坡有明显的促进作用。

（5）地表水的升降与地下水的变化息息相关，从而对滑坡造成影响。

4. 地震

引发的滑坡往往规模庞大。因为地震发生的时候，不仅有水平震动，而且有垂直震动。水平震动促进滑坡的发育，上下垂直震动致使坡体松散，这样加快了滑坡的形成。例如汶川地震就诱发了很多规模巨大的滑坡。比如北川县城滑坡和唐家山堰塞湖滑坡就是典型的实例。降雨对滑坡有所影响，但是远远不能诱发这么巨大的滑坡，它的发生完全就是由地震引起的。可见地震力对滑坡和崩塌的发生和规模所起的作用是何其巨大。

5. 温度

温度变化对滑坡有特殊作用。

各种矿物的膨胀系数和导热性都有所不同，由这些不同的物质构成的坡体地层引起的温度变化也是不一样的。影响温度变化因素：

（1）有些是自然能源引起的，比如火山、地下煤层自燃等，这些热源主要是作用在坡体内部。

（2）有些温度变化是自然气候引起的，比如日温差变化、季节温差变化、年温差变化等，主要是作用在坡体表面。

温度变化对滑坡的影响：

（1）因为热源是多方面的，所以温度就会出现不均匀的状态，这样坡体就会在同一时间内交错受到收缩应力和膨胀应力两个不同的力，这样就会加快岩层的分化，对滑坡的发育起到推进作用。

（2）因为温度的变化，坡体就会出现热胀冷缩的效应，这样坡体长期处于超重的总趋势。

（3）水对于温度的变化是比较敏感的。夹缝里面的温度比较低，当它降到一定程度的时候，水就会变成冰，这时它的体积就会变大，造成膨胀，膨胀力作用于裂缝壁，对坡体产生"冰劈作用"，加速滑坡的形成。

6. 植被

植被对于滑坡来说就像是一把双刃剑，一方面，高大的树干可以给滑坡造成阻碍，使它的速度变慢，缩短运动距离。而且根深的灌木和草可以起到固坡、防治表层滑坡的作用。另一方面则促进滑坡发生，植物的根是长在裂缝里面的，随着树木根部增大，裂缝就会越来越大，根还会产生有机酸分解矿物质，致使其分裂，引发滑坡和崩塌的加速发育。

## 滑坡发生的地形条件

地形是发生滑坡的最基本条件。地形的主要看斜坡坡度、高度和斜坡形态。

1. 滑坡发生的最佳斜坡坡度

据四川攀西调查资料，方量在10万立方米以上的滑坡（含崩塌）816个，按斜坡平均坡度分级进行统计，其结果是如下图：

**按斜坡平均坡度分级的滑坡发生率统计**

| 斜坡坡度 | 0~10 | 11~20 | 21~30 | 21~25 | 26~20 | 31~35 | 31~40 |
|---|---|---|---|---|---|---|---|
| 数量 | 0 | 60 | 532 | 208 | 324 | 175 | 224 |
| 百分比 | 0 | 7.4% | 65.2% | 25.5% | 39.7% | 21.4% | 27.4% |

从上图可以看出，坡度从21°开始，滑坡开始大量发生，这是它的一个转折点。当坡度在35°的时候多数为滑坡，因此可以看出斜坡坡度在21°~35°时为滑坡形成、发生的最佳坡度。根据滑坡、崩塌发生的斜坡坡度特征，可将斜坡分为四级：

（1）滑坡发生最少的地形，斜坡坡度小于10°。

（2）滑坡发生较多的地形，斜坡坡度为10°~20°。

（3）滑坡发生很多的地形，斜坡坡度为20°~35°。据调查统计，绝大多数的滑坡发生在坡度21°～35°的斜坡上，攀西地区86.6%的滑坡发生在21°～35°的斜坡上。所以将坡度21°～35°定为滑坡发生的最佳坡度。

（4）滑坡发生较少的地形，35°以上的斜坡滑坡分布逐渐减少。

2. 滑坡发生的最佳斜坡形态

自然界的斜坡形态多种多样，我们从两方面进行分析。

（1）斜坡横向形态。斜坡横向上（顺沟河延伸方向）分为"凸"型坡、"凹"型坡和顺直坡。

①"凸"型坡："凸"型坡比较陡峭，有利于大型滑坡。不过单薄的山角，则不利于大型滑坡形成。

②"凹"型坡："凹"型坡大多是古崩塌体的残留后壁或老滑坡体后壁，这个地方地表水和地下水汇聚在一起，很有可能诱发碎石土滑坡或老滑坡复活。

③顺直坡：顺直坡一般较稳定。

（2）斜坡纵向形态。斜坡纵向上（垂直于沟河延伸方向）分为阶梯状陡坡形、缓坡—陡坡形、陡坡—缓坡形和线状陡坡形。

①阶梯状陡坡形：有利于中大型滑坡的发育。

②缓坡—陡坡形：有利于中大型滑坡的发育，很多冲沟源头沟掌地形都属于缓坡—陡坡形。由于强烈的沟头的侵蚀作用，沟掌地形很容易就会发生滑坡，例如四川会理县沙坝沟沟头的滑坡。如果横向的"凸"型坡与纵向的缓坡—陡坡形相复合，那么就会成为大型滑坡发生的最佳场所。我国大多数滑坡就属于这一类。

③陡坡—缓坡形：它是典型的河流宽谷段斜坡形态，平常很少会发生滑坡。

④线状陡坡形：这种斜坡一般发生在冲沟的中游和上游，平常不会发生大型的滑坡，但是小型的残积滑坡则随处可见，这就是俗语说的"山剥皮"。

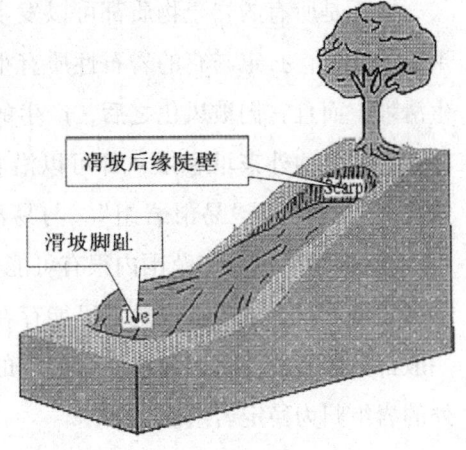

3. 有效临空面

临空面是指岩土体滑动时自由空间

的边界面。当斜坡岩土体被结构面切割,并和它周围的母体连接分离且跟临空面组合的时候,这个斜坡就有可能形成危险斜坡。这类临空面就叫做有效临空面。但是,并不是所有的坡面都能够转化成为滑动面然后暴露,这部分就不能叫做有效临空面,只能说是一般的临空面。由此可见,滑坡发育的必要条件不仅仅是指坡体处于一面临空、两面临空或三面临空状态,问题的关键是有没有有效临空面。

从滑坡发育来看,一个坡面往往有一个有效临空面,但是在有些情况下,可以有两个或者两个以上有效临空面。这时候的临空面就会有主要和次要的分别。坡向与将要转化为滑动面的软弱结构面倾向一致或者快要成为一致有效临空面,就是主要的有效临空面。

4. 坡高的影响

根据调查研究发现,滑坡的体积跟它的相对坡高有明显的关系。

(1) 一般不会发生滑坡:相对坡高 10 米以下。

(2) 发生小型滑坡:相对坡高 10~50 米。

(3) 发生中型滑坡:相对坡高 50~100 米。

(4) 发生大型滑坡:相对坡高 100 米以上。

## 滑坡形成的地层岩性条件

并不是所有的岩土物质都可以发生滑坡,或者经常发生滑坡。在一个滑坡聚集的地方,必定与它的岩石性质有很密切的关系。这些地层不仅本身极易发生滑坡,而且它们被风化之后,产生的破碎物品也很容易发生移动,甚至覆盖在它们之上的外来堆积层,都可以沿着基岩或风化破碎产物的顶面形成滑动。这些地层被称为"易滑岩组"。与易滑岩组相对应的还有一些属于"偶滑岩组"。在偶滑岩组分布范围内很有可能会发现一些滑坡,但是数量很少,因为它的基岩滑坡很少,或者说是不可能存在发生覆盖层滑坡。偶滑地层滑坡的分布一般都是零星的,它们没有区域集中的特征。我们把除易滑岩组、偶滑岩组之外的岩组归为稳定岩组。

1. 易滑岩组（又称易滑地层）

有利于滑坡形成发生的地层岩组称为易滑岩组。易滑岩组并非都已经发生了滑坡，只要已经具备了所有易滑岩组特性的岩性组合，不管这类岩石有没有发生滑坡，都叫做易滑岩组，属于这一范畴。一般说来，易滑岩组包括呈区域性分布的黏性土、页岩、泥岩、泥质粉、细砂岩、侏罗纪泥岩、白垩纪泥岩、页岩泥质砂岩、粉砂岩、煤系地层、三叠纪以前的砂板岩、千枚岩等。自然界中，在易滑岩组出露区内，覆盖层滑坡数量大体上与易滑岩组本身发生过的数量一样，甚至覆盖层滑坡数量很有可能会比易滑岩组本身的滑坡数量多。由此可以认为，易滑岩组的易滑特性一般是以大量出现的覆盖层滑坡表现出来的，这是由其自身的特点所决定的。

（1）地层本身是软弱岩层，很有可能是松散堆积物。即使是硬质岩层，在它的里面一定包含着软弱岩层。这些岩层抗风化能力差，风化产物含有泥质颗粒、大量的黏土。如半成岩的昔格达组页岩中的黏粒含量可达30%，在泥岩中含量甚至超过51%。这些岩石在遇到水之后就会变软，或者变成泥，形成一层很薄的黏粒层，随着水流走，即使水量减少，它的抗剪强度也会急剧下降很多。

（2）黏粒中含有绢云母、石墨（或炭质）、绿泥石、滑石、水云母、蒙脱石、高岭石，还有石膏等黏土矿物，这些容易形成薄层状定向排列。吸附水的能力相对比较大，而且胀缩性、崩解性很强，这样就会导致地层抗剪强度很低。

2. 偶滑岩组（又称偶滑地层）

由偶夹软弱岩的硬质岩组成的岩性组合被称为偶滑岩组，硬岩石沿着某一层软弱的夹层滑动的情况很少发生。在硬岩层内很难发生滑坡。

3. 稳定岩组

稳定岩组是指那些永远也不可能发生滑坡的岩性组合。换句话说，就是稳定岩组的内部结构很牢固，不可能形成主滑动面而发生滑动。不过稳定岩层会成为一个整体，沿着下伏易滑岩组或偶滑岩组的顶面发生滑动，或被"驮着"随下伏的易滑岩组或偶滑岩组，就像是被易滑岩组或偶滑岩组背着走一样发生滑动。但这绝不能说明它具有容易形成滑坡的特性。

# 滑坡的诱发原因

## 地质条件与地貌条件

### 1. 岩土类型

岩浆岩又称火成岩，是岩浆通过地壳运动，沿地壳薄弱地带上升冷却凝结后形成的岩石。岩石中的矿物在空间的排列、配置和充填方式不同，形成岩浆岩的构造也不同。沉积岩是在地壳表层常温常压条件下，由风化产物、有机物质和某些火山作用产生的物质，经风化、搬运、沉积和成岩等一系列地质作用而形成的层状岩石。变质岩是地壳中原有的岩浆岩或沉积岩，由于地壳运动和岩浆活动等造成物理化学环境的改变，使原来岩石的成分、结构和构造发生一系列变化而形成的新的岩石。一般来说，各类岩、土都有可能构成滑坡体，其中结构松散、抗剪强度和抗风化能力较低，在水的作用下性质可以发生变化的岩、土，如松散覆盖层、黄土、红黏土、页岩、泥岩、煤系地层、凝灰岩、片岩、板岩、千枚岩以及软硬相间的岩层所构成的斜坡易发生滑坡。

2. 地质构造条件

地质构造是指组成地壳的岩层和岩体在内、外动力地质作用下发生的变形，从而形成诸如褶皱、节理、断层、劈理以及其他各种面状和线状构造等。组成斜坡的岩（土）体只有被各种构造面切割分离成不连续状态时，才有可能形成向下滑动的条件。在此同时，这些构造面又成为降雨、融化雪流通的通道，这样就会形成各种节理、裂隙、断层发育的斜坡，特别是当平行和垂直斜坡的陡倾角构造面及顺坡缓倾的构造面发育时，最易发生滑坡。

3. 地形地貌条件

地形，是指地势高低起伏的变化，即地表的形态。分为高原、山地、平原、丘陵、裂谷系、盆地六大基本地形（地貌形态）等。地貌分为山地、盆地、丘陵、平原、高原等。只有处于一定的地貌部位，具备一定坡度的斜坡，才可能发生滑坡。一般前缘开阔的山坡、铁路、公路和工程建筑物的边坡，江、河、湖（水库）、海、沟的斜坡等都是易发生滑坡的地貌部位。坡度大于10°、小于45°，下面比较陡峭，中间平缓，上面陡峭的，或者是上面形成环状坡形的很容易形成滑坡。

4. 水文地质条件

水文地质指自然界中地下水的各种变化和运动的现象。地下水活动，在滑坡形成中起着主要作用。它的作用主要表现在：对透水岩层产生浮托力、软化岩、土，侵蚀岩、土，增大岩产生动水压力和孔隙水压力，土容重，降低岩（土）体的强度等，尤其是对滑面（带）的软化作用和降低强度的作用最为突出。

## 人为作用的影响

在人类工程活动的频繁地区和地壳运动的地区是滑坡多发区，外界因素和作用可以改变产生滑坡发生的基本条件，从而诱发滑坡的发生。滑坡灾难的发生不仅仅有自然因素的原因，某些不合理的人类活动也促使了滑坡灾害的发育和发生。

常见不合理的人为因素有以下几种：

（1）不合理的开挖工程是导致滑坡发生的最常见因素。为了建造生活设施，在挖掘施工的时候没有进行合理的考察，因此破坏了山体或者坡体的平衡。

（2）大肆采矿。不注重管理而引发的崩塌和滑坡事件屡见不鲜。

（3）孔隙水的变化：人类活动引起土石体含水量增高是一种改变孔隙水状态的方式。如加利福尼亚州帕洛斯威尔德丘陵区的波德格斯本德滑坡于20世纪50年代复活，可能与草地水和化粪池的溢出物有关。水库水位变动也会引起孔隙水压力，以及地下水位的变化。这是导致水坝滑坡的重要原因。

（4）在坡体上堆积重物，使坡体负重量加大，致使滑坡、崩塌灾害的发生。

（5）在自然界中地震引发滑坡的主要原因是因为地震力的作用，人类随意使用大量的炸弹爆破，就像是我们人工制造了炸弹一样，使边坡表部松动，引发滑坡和崩塌。

（6）植被变化：传统伐木使森林退化，削减了树根的固着强度，改变了地表的水文状况，加速了山坡的侵蚀，另外，土地管理者为改善流域汇水条件和野生动物的生活条件，调整植物品种而出现问题。犹他州锡普溪流域在草地上植树和种灌木，增大了土壤含水量，减低了植根固着力，导致滑坡活动增大了三倍。

（7）山坡平衡失调：公路建设采取的削坡常常会成为滑坡的发育场地。意大利科圣札省调查了 104 个滑坡，都是由公路建设引起的。美国每年用于整治和控制公路滑坡的费用超过 1 亿美元。沿山坡采矿危及山坡稳定而诱发的滑坡后果严重。如 1881 年瑞典的埃姆岩崩，就是由于露天采矿造成的。1908 年 1 月 8 日，在纽约州哈维斯敦挖掘黏土时，也曾引发滑坡，造成 20 人死亡和巨额的财产损失。

从上面的条件中，我们可以看出，对于滑坡的诱发原因，人类有不可推卸的责任。不注重自然条件的平衡，任意滥砍滥伐；只关心水库的存水量，忽略了水流管理；无休止地开发煤矿和山路，最后导致了悲剧的产生。

值得注意的一点是并不是所有表面看起来是自然因素引起的滑坡或者是其他灾害，人们就可以推卸责任，因为许多时候，自然因素的形成，首先是人为因素促成的。比如说商人为了工业的发展和获取高额的经济利润，对山体的开挖和矿物的乱采最终破坏了山体的重力平衡。人们任意开荒种粮，砍伐树木，导致水土流失，还因为灌溉农田致使水下渗，对坡体产生作用，从而诱发滑坡。

滑坡已经慢慢逼近人类的生活圈子，一个个案例已经为我们敲响了警钟，城市中发生滑坡灾害的系数已经大幅度上升，如果不按照城市整体规划而自行施工或者城市开发建设过于迅猛等都会诱导下一次滑坡的发生。

# 稳定和不稳定的滑坡分辨

已稳定的老滑坡体的特征有以下6个方面：

（1）后壁较高，长满了树木，找不到擦痕，且十分稳定。

（2）滑坡平台宽大且已夷平，土体密实，有沉陷现象。

（3）滑坡前缘的斜坡较陡，土体密实，长满树木，无松散崩塌现象，前缘迎河部分有被河水冲刷过的现象。

（4）目前的河水远离滑坡的舌部，甚至在舌部外已有漫滩、阶地分布。

（5）滑坡体两侧的自然冲刷沟切割很深，甚至已达基岩。

（6）滑坡体舌部的坡脚有清晰的泉水流出等。

不稳定的滑坡体常具有下列迹象：

（1）滑坡体表面总体坡度较陡，而且延伸很长，坡面高低不平。

（2）有滑坡平台、面积不大，且有向下缓倾和未夷平现象。

（3）滑坡表面有泉水、湿地，且有新生冲沟。

（4）滑坡表面有不均匀沉陷的局部平台，参差不齐。

（5）滑坡前缘土石松散，小型坍塌时有发生，并面临河水冲刷的危险。

（6）滑坡体上无巨大直立的树木。

# 其他灾害引起的山体滑坡

自然界中，滑坡并不是单独存在的，能够诱导自然灾害发生的原因很多：鼠害（如高原鼠兔）、虫害（如白蚁）、地震、暴雨、洪涝等，它们又会相继形成各式各样的滑坡链。

## 地震—崩塌灾害链和地震—滑坡灾害链

地震—崩塌灾害链和地震—滑坡灾害链是发生数目最多的灾害链。它们最终是以滑坡的形式带来灾害。

（1）1976年四川松潘—平武地震时，因为当时的预报准确，人们准备妥当，地震没有引起太大伤亡，但是崩塌和地震滑坡却导致数十人丧生。

（2）1976年唐山7.8级地震不仅在山区引发了山体滑坡，而且在平地造成了大量的液化滑坡。

## 暴雨—崩塌灾害链和暴雨—滑坡灾害链

暴雨—崩塌灾害链和暴雨—滑坡灾害链是最常见的自然灾害链。滑坡往往发生在暴雨期间或者是暴雨之后。尤其是20世纪80年代以来更为突出。

1981–1985年四川省的一次暴雨过程诱发大小滑坡统计表

| 滑坡次数 | 发生县的数目 |
| --- | --- |
| 1000次以下 | 28个 |
| 1000次以上 | 14个 |
| 2000次以上 | 3个 |

## 山洪—崩塌灾害链和山洪—滑坡灾害链

山区沟谷内的洪水具有山洪或过境洪水的特性。洪水突然暴发的时候，淘刷岸坡是主要原因；洪水猛然来临，水流来不及向四面八方疏散和地下渗入，产生巨大的压力，从而引发岸坡滑坡、崩塌。因此，山洪—滑坡灾害链常发生在山地、丘陵区的防洪堤上和江河岸坡。

## 涝灾—崩塌灾害链和涝灾—滑坡灾害链

洪灾是由于江、河、湖、库水位猛涨，堤坝漫溢或溃决，使客水入境而造成的灾害。涝灾—崩塌灾害链和涝灾—滑坡灾害链主要发生在大江大河中下游的防洪堤和岸坡上。涝灾—崩塌灾害链和涝灾—滑坡灾害链常与暴雨—崩塌灾害链和暴雨—滑坡灾害链、山洪—崩塌灾害链、山洪—滑坡灾害链共生，难以严格区别开来。但是，洪涝灾害诱发滑坡的主要原因是浸泡坡脚，其次才是淘刷作用。

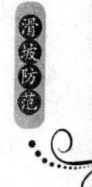

# 滑坡引起的次生灾害

## 滑坡—堵江灾害链和滑坡—堵江淹没—溃决洪水灾害链

滑坡—堵江灾害链和滑坡—堵江淹没—溃决洪水灾害链主要发生在我国西部高山峡谷区。

按河谷断面的堵塞程度，堵江可分为完全堵江和不完全堵江。因为堵江形成的堰塞湖分为完全堰塞湖和不完全堰塞湖。不管是完全堵江还是不完全堵江，都能够使回水淹没上游、溃决，然后使洪水的危害形成一连串新的灾害。

## 滑坡—坡面洪水灾害链

滑坡—坡面洪水灾害链主要发生在水利工程中的盘山渠道被滑坡堵塞，剩出来的水就会顺着坡流下来，从而形成灾害。它主要发生在雨季，特别是暴雨的中心。还有就是住在斜坡上面的居民从来就没有受过洪水的威胁，所以就不会想到背后盘山渠道可能会溢水，结果造成不应有的损失。

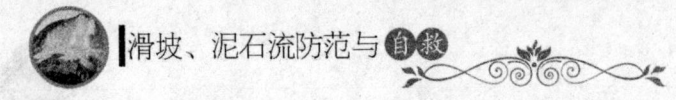

## 滑坡—局地干旱灾害链

滑坡—局地干旱灾害链主要发生在大型滑坡地区。因为滑坡解体，所以地表的水就变小，或者转变成了地下水。坡里面的地下水顺着滑动面移动，很难从滑坡里面流出来，这样就容易造成小范围的干旱。

# 滑坡的灾害等级

根据2003年国务院颁布的《地质灾害防治条例》第四条规定：地质灾害按人员伤亡、经济损失大小，分为四个等级。

特大型灾害：因灾死亡30人以上或者直接经济损失1000万元以上的。

大型灾害：因灾死亡10人以上30人以下，或者直接经济损失500万元以上1000万元以下的。

中型灾害：因灾死亡3人以上10人以下，或者直接经济损失100万元以上500万元以下的。

小型灾害：因灾死亡3人以下，或者直接经济损失100万元以下的。

滑坡灾害由人员伤亡、直接经济损失、间接经济损失和社会影响四部分组成，其中人员伤亡和直接经济损失是"条例"规定必须统计的内容，间接经济损失和社会影响是对灾害的全面分析评估，也应做调查统计。

# 滑坡的危害性

滑坡常常给工农业生产以及人民生命财产造成巨大损失，有的甚至是毁灭性的灾难。

## 滑坡的严重性

滑坡的严重性主要表现在该灾害的群发性、灾害链和社会性等方面。

1. 群发性

滑坡灾害的群发性表现在成片或成带地发生灾害。在具备了能够发生滑坡基本条件的区域，如果遇到了降雨、地震、洪水等诱发因素，就可能引起滑坡。这种诱发因素并不是单独存在的，往往重叠出现，所以，滑坡灾害的群发性表现得尤为突出。

2. 灾害链

从滑坡灾害链的发生与发展过程中可以看出，在大多数情况下，滑坡并不是单独存在的，它总是以灾害链的形式危害人类的生产生活环境，给人类带来巨大的损失，应该对此给予足够的重视。

### 3. 社会性

2001年1月17日凌晨1时20分,重庆市云阳老县城背靠的五峰山发生大面积滑坡,整个滑坡持续约5个小时,至17日凌晨6时许才处于相对稳定状态。滑坡总体方量约为5万立方米,直接经济损失达到300万元以上。2001年5月1日20时30分左右,重庆市武隆县县城仙女路西段发生山体滑坡,一幢9层居民楼被垮塌的岩石掩埋,造成79人死亡。滑坡灾害发生时,受害的是人群,涉及的是一个局部地区,这已经成为当地的经济、社会问题。不仅如此还可能由于交通、通信、水利、电力、环境污染等问题使灾害影响扩大。另外,滑坡的发生,很大程度上跟环境的破坏息息相关,也跟人类的盲目活动破坏了自然环境有关。

**滑坡灾害的具体表现**

| 滑坡出现地 | 具体表现 |
| --- | --- |
| 乡村 | 摧毁农田、房舍,伤害人畜,毁坏森林、道路以及农业机械设施和水利水电设施等,有时甚至给乡村造成毁灭性灾害 |
| 城镇 | 常砸埋房屋,伤亡人畜,毁坏田地,摧毁工厂、学校、机关单位等,并毁坏各种设施,造成停电、停水、停工,有时甚至毁灭整个城镇 |
| 工矿区 | 摧毁矿山设施,伤亡职工,毁坏厂房,使矿山停工停产,常常造成重大损失 |

# 了解和预防水库滑坡

滑坡、泥石流防范与自救

# 水库滑坡的分类

根据典型滑坡的地质条件及水库蓄水后的变形特征，可以将水库滑坡分为直接诱发型和间接诱发型两大类。

## 直接诱发型

直接诱发型是指滑坡因为水库的原因变形或者失去平衡，从而引发山体滑坡的现象。主要包括软化效应及悬浮减重效应诱发型、动水压力诱发型和库岸再造诱发型三大类。

（1）软化效应及悬浮减重效应诱发型：这是由水库引发滑坡最常见的一种类型，软化主要表现在水岩相互作用，滑带在水的作用下软化，物理力学性质下降，并且这种软化的性质是不能逆反的。经过研究表示悬浮减重效应对库岸滑坡抗滑段有主导作用，但是软化效果更能催进滑坡的移动。

（2）动水压力诱发型：水库蓄水以后，因为发电或者是抗洪，库水位就会下降，这样就会产生渗透动水压力。这种压力一般和滑坡的滑动方向一致，这样就会导致滑坡产生滑

动。当滑体内有透水性比较弱或者有不透水的岩层存在的时候,库水位的突然降低就会大大破坏滑坡的稳定性。

(3)库岸再造诱发型:水库装水之后,一定会产生库岸再造,从相关资料可以表明,库岸再造影响范围在库水位以上30~50米。这么大的范围,倒塌的岸坡和库水位对坡体的掏蚀一定会对坡体的稳定性产生非常大的影响。特别是当坡体的抗滑段处于库岸再造影响范围,坡体的稳定性就会变得更差,导致失稳,形成滑坡。

## 间接诱发型

间接诱发型指水库对滑坡的产生所起的作用是间接的。一般表现就是水库蓄水和其他诱发因素组合或在水库对滑坡影响时被其他的诱发因素利用。一般分为蓄水加水库诱发地震组合型和水库蓄水加暴雨组合型两种类型。

(1)蓄水加水库诱发地震组合型:印度学者古哈曾对这种类型情况做了专门的研究,研究认为水库诱发地震的上限为7级。我国新丰江水库诱发地震。震中烈度达到8度,右岸坝段产生82米的裂缝,同时也诱发库岸滑坡。其中6级

以上的地震实例也有很多,例如我国的新丰江水库6.1级、希腊的克里马斯塔水库6.3级、印度的枫依纳水库6.5级等。有资料统计显示,世界上已经建成的水库中约有1/1000曾发生过水库诱发地震,世界上已发生的132例水库诱发地震中,在我国就占22例,成为世界上发生水库诱发地震最多的国家,这种出现过水库诱发地震的滑坡震中分布在库区,十分不利于库岸滑坡的稳定。

(2)水库蓄水加暴雨组合型:水库蓄水本身并不能使滑坡造成破坏,但是

它能够使它发生形变,这样的话就会使地表出现很多裂缝,地表里的水就会在坡体里面汇集和运转,从而促使滑坡发生滑动破坏。长江鸡扒子滑坡就是最典型例子,连续不断的降雨使长江流域的水位突然猛涨,以致鸡扒子滑坡发生了地表开裂的变形状况,雨水进入裂缝之后使鸡扒子滑坡的情况进一步恶化。

值得注意的是:水库蓄水只能够算是诱发和促进滑坡的形成因素,并不能算是主要因素。坡体的变形才是造成滑坡的根本原因,坡体自身特定的地质结构和特殊的岩土体力学作用决定滑坡是否发生。

# 水库与滑坡的关系

## 水库滑坡的危害

主要表现在以下两个方面:

(1) 大量的岩土体落入水库中,占了一部分可以储水的地方,甚至形成"坝前坝",使水库不能继续使用。

(2) 滑坡体高速滑入水库,形成巨大的波浪,直接影响着大坝的安全及电站的运营。

## 水库滑坡与库水之间的关系

水库库岸滑坡存在一般山地滑坡的共同特点,但也有它与众不同的一面。它的主要特殊性跟水库的水位有直接的关系。因为滑坡和其他因素的相互作用,水库在蓄水过程中极有可能会诱发水库地震。

(1) 当水库水位上升的时候,坡体浸水体积增加,减少了滑面上的有效应力或抗滑阻力，部分滑动带饱和以后强度就会降低。

（2）当水库的水位突然下降的时候，坡体中的地下水位下降速度相对比较慢，这时候坡体内就会产生超孔隙水压力。所有这些都会对滑坡的稳定带来一定的麻烦。

# 水库滑坡的特点

## 水库滑坡的特殊性

水库滑坡属于滑坡的一种，所以它有一切滑坡具有的特点，因为它的主要作用是蓄积水和防止干旱，所以它又存在一定的特殊性，特殊性在于水库运营和水库蓄水所地质环境的不断变化。主要体现在下面几个方面：

（1）水库蓄水造成岩土体的悬浮减重效应和强度软化效应这样容易改变滑坡体的稳定形态。

（2）库水位的上升、下降变化过大，容易产生动水压力从而改变滑坡体的平衡，诱发滑坡体的变形与破坏。

（3）在蓄水过程中，位于水位面以下的岩石容易随着水库水位下降发生固结沉降，从而导致坡体的变形，造成破坏。

（4）水库的蓄水能够诱发地震，地震又能诱发滑坡。

## 水库滑坡的特征要素

水库滑坡的基本特征包括潜在滑动的斜坡库岸和经常波动的库水位。它的特征主要包括：

（1）水库滑坡体。已经发生过或者即将发生的整体滑移的水库岸坡岩（土）体。

（2）滑坡体边界。滑坡体和周边不动岩（土）体（稳定的坡体）在平面上的分界线。

（3）滑坡破裂壁。滑坡体后缘脱离不动岩（土）体暴露在外面的那个面叫做滑坡裂缝。

（4）滑坡台阶与滑坡埂。由于各段岩（土）体滑动速度的差异，在滑坡体上面形成的类似台阶一样的错台称滑坡台阶；如果台阶因为旋转发生倾斜，使台阶边缘成为陡峭狭窄的长埂，这就叫做滑坡埂。

（5）滑动面和滑床。滑坡体沿不动岩（土）体下滑的分界面称滑动面。滑动的时候下面不动的岩石体叫做滑床。

（6）滑动带。滑动面上部受滑动揉皱或抗剪强度较低的岩土带（厚数厘米至数米）。

（7）滑坡舌。滑坡体的前缘形如舌状的部分岩土体。

（8）滑动鼓丘。滑坡体前缘因受阻力而隆起的小丘。

（9）滑坡主滑线。滑坡体滑动速度最快的纵向线。它就是整个滑坡滑动方向的代表，大多数处于推力最大、滑床凹槽最深（滑坡体厚度）的纵断面上，在平面上可为直线或曲线。

（10）破裂缘。滑坡体在坡顶首先破裂的地方。

（11）封闭洼地。滑动时滑坡体与滑坡壁间拉开成沟槽，与它相邻的土地形成反坡地形的时候，也就是中间低、四边高的形状叫做封闭洼地。

（12）滑坡裂缝。按照

它的受力状态可以分成以下几类。

①拉张裂缝：位于滑坡体上部，大多数情况是弧形和滑坡壁的方向平行。通常将其最外一条（即滑坡周界的裂缝）称滑坡主裂缝。

②剪切裂缝：位于滑坡体中部的两侧，这种裂缝的两侧经常会有羽毛形状的裂缝出现。

③鼓胀裂缝：位于滑坡体下部，它的方向和滑动方向垂直。

④扇形裂缝：位于滑坡体中下部，尤以滑舌部分为多，呈现放射的形态。

（13）正常蓄水位：不影响水库正常运行的条件下，为了满足设计的兴利要求在供水期时可以达到的最高水位。

（14）最低蓄水位：在水库正常运行的情况下，允许消落到的最低水位。

（15）水位消落深度：水库正常蓄水位和最低蓄水位之间的相对高度就叫做水位消落深度。

（16）设计蓄水位：水库与大坝的设计，洪水时在坝前到达的最高水位。

# 影响水库滑坡形成的因素

## 水库滑坡的形成要素

水库滑坡的形成是由于斜坡岩（土）体抗剪强度的降低及下滑力增大造成的。造成水库坡体斜坡岩（土）体抗剪强度降低及下滑力增大的因素很多，主要分为内在因素和外在因素两类。

1. 内在因素

（1）地下水位的频繁变化。

（2）库区移民修建住房。

（3）修建公路等土木工程。

2. 外在因素

（1）斜坡岩土体的地形地貌。

（2）斜坡岩土体的地质结构。

（3）斜坡岩土体的物质组成。

对水库滑坡来说，其产生滑移的原因往往是多方面的，很少是因为一个确定的因素或者是两个确定的因素引起的，往往是这些因素相互作用促使岩（土）体滑移。

## 水库滑坡地层的岩土性质

在库区斜坡岩土层中，形成水库滑坡的条件是受水构造、聚水条件（包括库水位骤降而滑坡体内水体难以及时排出）和软弱面（该软弱面也有隔水作用）等。

（1）在比较完整的硬质岩石地层中，发生水库滑坡的可能性比较小。但是如果岩体内夹有薄层（1.0~10.0厘米）软弱破碎带或极薄层（0.5~1.0厘米）泥化夹层，倾斜角相对比较陡，并且有地下水的时候，这层岩石有可能会沿软弱面（带）滑动，如三峡峡谷地段的链子崖、黄蜡石滑坡体。

（2）在软质易风化岩层（如沙页岩、泥岩、含煤贞岩、板岩、片麻岩等）中，失去水之后变得干燥就会破裂，或者是风化变成散粒石子，融入地下水，在各个层面间滑动。

（3）在黏性土地层，一般上部地层较松散，比如膨胀土在干旱时表层干裂，下雨的时候就容易渗到水里面，但是它的土体下部结实密集就会起到隔水的作用。当雨水下渗后，在其分界处构成软弱滑腻面，常使上层土体沿此软弱面滑动。

（4）在堆积土体内，如包括以崩积为主的松散堆积物、第四系坡积，当其含水量较大时，抗剪强度就会明显降低，容易产生圆弧滑动或沿下伏基岩顶面产生折线滑动。

## 库岸地质构造

（1）岩（土）体构造和产状对库岸斜坡岩（土）体的稳定、滑动面的形成和发展影响很大，通常情况下堆积层和下伏岩层的接触面越陡，它的下滑力就越大，滑坡的发生率也就越大。比较容易发生滑坡的地质构造有：

①活动性强的大构造单元的交接带易产生滑坡，比如在断褶带、块断带、槽向斜、槽背斜等活动性强的大构造单元。

②不稳定的斜坡岩土体、滑坡分布密集。

③有不同单元构成的接合面（带），滑坡分布也相对集中。

（2）大断层带附近常有滑坡体集中分布，大断层带周围的岩层被破坏，这样就为滑坡的形成和地下水的流动产生了条件，这种类型的滑坡大多数属于破碎的岩石滑坡或堆积层滑坡。

①断层交错部位，断层上盘，滑坡容易产生，则常有大型滑坡或滑坡群分布。

②倒转褶皱的轴部，岩层一部分破碎，它的破碎岩和堆积土分布比较集中，所以容易产生滑坡。

（3）当软弱面的结构成为上陡下缓的组合的时候容易产生滑坡。

①各种不同成分的结构面，包括不同风化程度的岩体接触面，当它的垂直临牵面方向形成上陡（大于60°）下缓（小于40°）的空间组合时，容易产生滑坡。

②因为这种原因造成软弱面暴露在外面的时候容易形成滑坡。

③大多数层面滑坡、构造面滑坡和接触面滑坡，都容易产生滑坡。

## 库岸地形地貌

库岸斜坡岩（土）体周边地形及地貌与斜坡岩（土）体滑动的产生有重要

关系。

（1）从局部地形可以看出，当具有下陡中缓上陡的山坡地形和上部呈马蹄形的环状地形并且汇水面积比较大的时候，在坡积层中或沿基岩面容易形成滑坡。

（2）库岸两侧起伏不平的丘陵地貌，往往容易形成堆积层滑坡。

①在坚硬岩层分布区，如果是顺层的条件下，可以连续产生许多岩体顺层滑坡。

②在易风化成黏性土的岩层（如泥灰岩）分布区，以及第三系、第四系湖盆边缘的低丘地区，因为有残积的黏性土，所以这种类型的滑坡容易成片分布。

③当山体是由软硬相间的岩层组成时，常常会形成大量的顺层滑坡。

④若是由软层组成的洼槽，往往因为崩积、坡积或洪堆积形成的堆积物将洼槽占据，在地下水的作用下，形成堆积层滑坡。

⑤线状延伸的断层陡崖或它下面因为崩积、坡积地貌等原因形成的堆积层物质，容易在断层裂隙水或其他地表水、地下水作用下，沿着产生堆积物伏基岩面形成滑坡。

## 水库滑坡与库水位变化的关系

地下水位变化是产生水库滑坡最重要的外部因素之一，它包括雨水下渗和库水位升降引起的斜坡岩（土）体内地下水变化。

（1）天气干燥，土地表层就会出现龟裂。如果遇到大雨的话，就像一个行走在沙漠中的干渴的人突然看见水一样，尽量吸收。雨水顺着裂缝渗入斜坡岩（土）体内部而使斜坡岩（土）体内地下水位发生变化。地下水的增加，使土体的含水量变大，滑动面的抗滑力就会大大降低。由实验可知，黏性土的抗剪强度随土的含水量的增加而显著减小；地下水位的增高，增大了土体的重量，加大了浸湿范围，加剧了浸湿程度，降低了土体的黏聚力，这样容易使黏性土层中发生滑坡。

（2）水库滑坡与库水位变化有关，其水位涨落是影响水库滑坡产生的重要因素。水位下降，岸边土体就会被浸泡软化，水位下降时产生的动水压力，促进了库岸滑坡的形成。大量事实表明，大多数的水库滑坡就发生在水库降水的时候。库水上涨，库岸前缘或坡脚受库水位浸没、库水波浪等反复冲刷，这样容易改变地下水的运动状况，从而改变地下水运动条件，形成新的地下水通道，这也是造成新滑坡和使老滑坡复活的重要因素。

## 人为活动对水库滑坡的影响

很多滑坡的形成跟人为的活动有直接或者间接的关系。根据不完全统计，现代频繁发生的滑坡灾害至少有一半以上跟人为工程有关。水库滑坡就是人们改变山区河流自然条件而产生的一种滑坡。人为因素的破坏主要表现在三个方面：

（1）修筑拦河坝闸。为了提高发电率、减少洪水的暴发等，人为地控制了水库的水位，随意上升或者下降，这样容易造成水库两岸斜坡岩（土）体特别是两岸古滑坡体等滑动失稳。

（2）库区移民、村镇搬迁建设过程中在坡脚处挖坡造地、修路等，往往因切坡不当，破坏山体的支撑部分，使斜坡岩（土）体失去平衡然后形成山体滑坡。同时，村镇修建过程中大量弃土、弃渣往往堆弃在库区河道两侧，当这些废弃物处在古滑坡体不恰当的位置的时候，就会引起老滑坡体复活或造成新的滑坡。

（3）人为破坏山坡表层覆盖，破坏自然循环系统，造成地表水渗入地下太多，从而促进了斜坡岩土体的活动，加快了它的滑动变形。

## 影响水库滑坡的其他因素

（1）地震引发的滑坡也时有发生。例如在河川山谷修建大坝，使河流水位突然抬高上百米，人为地改造了水库及周边地应力，这样很容易诱发地震，水库周边的诱发地震又会引起水库两侧的斜坡岩（土）体的不稳定，出现滑动，形成地震—滑坡等一系列灾害。

（2）在水库边坡区爆破及机械振动等都可能引起滑坡，爆破的时候增加下滑力，振松土体结构，容易形成渗水，同时减小土体内抗剪强度，最终引起斜坡岩（土）体的滑动。

# 水库滑坡的预防和治理

## 了解水库滑坡的治理原理

找到问题等于解决了问题的一半。要想预防水库滑坡，就必须正确认识和鉴别水库滑坡。因为未发生滑坡前潜在变形体具有隐蔽性、复杂性、多样性、广阔性，仅仅从外表很难分辨出真正的滑坡，只有认识到潜在发展的滑坡变形体，并能分析变形的原因和类型，才能对症下药，找到解决滑坡的好办法。因此，要做好水库滑坡的防治工作，首先就要正确认识和鉴别滑坡体。

## 进行水库滑坡调查

1. 水库滑坡调查特点

(1) 由大到小。

(2) 由面到点。

(3) 由粗到细。

2. 调查方法和手段

(1) 历史资料。

(2) 空中摄影。

(3) 现场调查。

3. 简单、小范围的滑坡调查

采用的方法：现场调查。

4. 水库滑坡点多、线长、面广，交通极不方便，采用的方法

(1) 采用遥感技术进行普查、分析，划细工作范围。

(2) 通过工程技术人员进行现场调查。

可采用多种方法相结合，这样可节省时间，有利于工作的深入。

## 遥感技术在水库滑坡调查中的作用

在滑坡勘察调查中,遥感技术就是利用传感装置而不直接接触目标物体,应用空中飞行的飞行器或者卫星收集地面信息的技术。

1. 通过遥感技术获取信息的方法较多

(1) 照相软片。

(2) γ射线频谱仪。

(3) 扫描仪。

(4) 电磁脉冲设备。

2. 航空摄影

(1) 在滑坡调查特别是水库滑坡大面积、大范围普查应用中,航空摄影是一种有效方法。

(2) 应用国家和地区:美国、日本、欧洲等发达国家和地区应用较早。

(3) 特点:全面、直观、经济、应用方便。精度较高。据不完全统计,日本使用航空摄影鉴别调查滑坡总的精度在没有树木和灌木覆盖的水田等类似地区,鉴别精度高达96%,有其他障碍物达到84%。

(4) 优势:航空摄影能够提供区域的三维全貌,以观察和分析地质材料、排水、地区地形、地表覆盖及人类活动对地貌的作用之间的相互关系,能够判断出可能发生滑坡的位置、范围以及产生的影响等。

3. 判释方法

主要是通过图像上典型要素的分析,找出滑坡敏感地形和易滑地点,典型要素包括：

（1）滑坡土体被沟溪水流冲刷切割地形。

（2）有大量松散土体和岩石的土坡。

（3）在滑坡壁（头部末端）上破碎的断崖线，或出现拉张裂缝，或两者均存在的地带。

（4）滑坡壁下滑坡体波状起伏的地形。

（5）非天然的地形，如地形上的勺形槽、人工修路等产生的切脚陡坡地形。

（6）明显的渗水地带。

（7）细长的积水凹地带或水塘。

（8）流水沟或沟谷中的碎屑堆积体。

（9）小间距自然流水沟。

（10）图像色调明显变化地带，植物的明显变化地带，植物的分布不均与土体性质、含水量等关系密切，倾斜的树木和移位构筑物等。

滑坡判释质量好坏和可靠程度，主要与判释人对研究地的土和所具有的地质知识的多少成正比，并且还跟滑坡判断人员的熟练程度、拍摄图片的系数、植被覆盖程度的自然因素、使用的仪器设备、拍摄效果和分析方法等因素有关。为了提高水库滑坡判释精度，必须选择合适的仪器设备。

## 水库滑坡防治原则

预防水库滑坡的基本原则是：及早发现、预防为主、加强监测、因地制宜、综合治理。水库滑坡防治的一般原则如下：

（1）水库滑坡治理首先要利用有效建设保护环境，防止滑坡形成。在滑坡区或潜在滑坡区进行工程建设时，应该先考察坡体结构，预测可以发生的危险，排除潜在灾害，然后再建设。建筑位于滑坡区范围内的建筑物基础宜采用桩基础或桩锚基础，将建筑物荷载直接作用于滑床的稳定地层中，为了避免削坡产生的土石量，应该结合实际情况将这些土石堆存于前缘压坡或挡土墙后形成平台。

（2）对危害工程设施和人身安全、短期内又难以查清的滑坡，可以采用分期管理的方法，首先选择见效快、容易实施的方法，如削坡减载、减少地下排水、压坡加载等方法作为应急工程，先将滑坡稳定，然后再造其他永久工程。

（3）应针对引起滑坡产生滑移的主导因素采取相应的工程治理措施。

①如果水是主要诱发因素的话，那么应该以排水为主要措施，以支挡措施为辅助措施。

②如果是因为切割坡脚引起的牵引式滑坡，应该以支挡为主要措施，以排水、减重等措施为辅助措施。

③如果是推移式滑坡的主滑段、牵引段，应该采取拆除已有建（构）筑物、削坡减载，阻滑段采用压坡加载，以支挡、排水等措施为辅助措施。

（4）水库滑坡的治理宜早不宜晚，应该在水库没有装水之前进行维修，装水之后维修难度加大。工程施工时宜安排在旱季或诱发因素弱或无诱发因素期间进行，采用高科技信息化施工，尽可能地减少可能引起扰动滑体，施工期应加强滑坡动态监测。

## 水库滑坡防治方法

水库是依山傍水建立的，自然条件已经决定了它地质条件的复杂，很容易诱发并形成滑坡。像三峡水库形成库容393亿立方米，水库的沿岸上千千米，两边都是崇山峻岭，自然条件和人为原因造成的山体滑坡很多。根据长江水利委员会和国土资源部有关调查，属于三峡库区范围内大大小小的滑坡坍塌有2490处，其中直接受库水位波动影响的崩滑体有1627处，这些数据不包括三峡移民过程中出现的高切坡等，如果这些全部治理的话，费用高达人民币上千亿元，费用庞大。不过很多滑坡属于自然现象，对人们的生活和工作不会带来直接影响，也不会给人民生命和财产带来重大的损失。治理难度与经费较大的水库滑坡可以不治理或缓治理；但是对于那些可以对人们的工作和生活带来直接影响，能够给人民的生命和财产带来重大损失的，必须提高警惕，提早预防。所以水库治理有所为有所不为，要有选择性。

目前，水库滑坡治理的方法很多，包括地表排水措施、支挡抗滑措施、锚固措施、地下排水措施、削坡减载措施、注浆改善滑带措施、反压阻滑措施等，这些方法在水库治理和预防的过程中起到了重要作用。

1. 地表水处理方法

地表水处理方法主要依靠的是拦、截、排地表暴雨径流等，减少滑坡表面的水流入坡体内，防止滑带土软化以及滑坡体冲刷而造成滑坡或边坡滑塌。地表排水处理是水库防治的常用方法之一，它在治理工程中可以单独使用，也可以跟其他工程结合使用，常常使用后者。水是引起水库滑坡的最主要因素之一，治理水是治理滑坡的一个重要的环节，治理水的具体方法如下：

（1）截水。截水方法主要是在可能发展成为滑坡体边界2.0～4.0米以外的稳定地段依靠地形的变化发展规律设置截水沟，拦截滑坡体以外的地表水进入滑坡体内，阻止地表水直接冲刷滑坡体。

（2）排水。排水方法是充分利用自然地形，在滑坡形成的区域范围内，开挖明槽、明沟，形成网状畅通的排水系统，最后减少地表水渗入地下，冲刷坡体表层。

（3）引水。引水方法是将滑坡体内的积水，或者从滑坡体外进入体内的地下水（包括承压水等）通过排水孔、盲沟、盲管等引出滑坡体或阻止其进入滑坡体内。

（4）堵水。堵水方法是在滑坡体内或周边的土体裂缝用水泥浆、黏性土等防渗材料充满，这样就可以减少地表水（包括生活水、雨水等）渗入滑坡体内。

（5）护坡防冲刷。护坡防冲刷包括生态措施和工程措施。

①生态措施主要包括种草、植树等。

②工程措施包括喷混凝土护面、网格护面、抛石护面、浆砌块石护面、干砌块石护面或在冲刷严重水流较急、地段修筑丁坝改变水流流向等，这样可以防止地表水对滑坡的冲刷，以及江河流水对滑坡坡脚的冲刷。

2. 抗滑挡土墙防治方法

治理水库滑坡的有效措施是在滑坡体前缘建造抗滑挡土墙。抗滑挡土墙根据抗滑桩挡土墙的受力、滑坡的性质、类型和特点、选用材料等，可分为锚杆式抗滑挡土墙、重力式抗滑挡土墙、板桩式抗滑挡土墙、加筋土抗滑挡土墙、护脚压重块（片）石垛等。至于选用何种类型的抗滑挡土墙，应根据具体的规模、类型、滑坡性质、地层条件、当地建筑材料等具体分析，综合应用，合理选取。小型滑坡可以直接采用抗滑挡土墙抵挡滑坡体下滑力；中型滑坡单独依靠抗滑挡土墙力量太单薄，不能有效地阻挡山体滑坡的下滑力，这就需要和支撑滤水沟等措施联合使用；大型滑坡的治理，可以将抗滑挡土墙作为排水、卸荷减载等综合措施的一部分。

抗滑挡土墙的位置一般根据滑坡推力大小、滑坡范围、基础地质条件以及滑面位置、形状等因素确定，并且尽可能地将它放在滑坡体前缘下滑力比较小、滑坡体比较薄的地方。对于中小型滑坡，抗滑挡土墙一般设立在滑坡体前缘；当滑坡中、下部有稳定岩层锁口时，抗滑挡土墙一般设立在锁口处，锁口以下部分另做处理；针对多级型的滑坡，可分级支挡。

抗滑挡土墙的优点是根据坡体的具体情况，就地取材，工作简单，对山体的影响不大，稳定坡体速度快，效果大。但是对于水库滑坡，在前缘修建抗滑挡土墙时注意尽量减少对滑坡体前缘的开挖，这样可以避免由于工作不当，引起滑坡前缘的切脚移动。

3. 通过滑带置换提高滑坡稳定性

滑带置换是通过群桩、疏干滑面、注浆、注浆加筋、麻面爆破、电化学加固、焙烧等方法改善滑带土、滑面力学性质，从而提高滑坡的稳定性。置换措施可以在全部或部分滑带土、滑面中进行，置换处理后既可以减少滑动力，也可以增加抗滑力。采用这种措施，在某些特定条件下具有阻滑效果快、施工简便等优点，但是它提高稳定性效果不是太好，并且不好检验，所以对重要的工程，只能够算是辅助措施或者应急措施，不能当主要措施。

4. 卸载与反压防治方法

卸载与反压是指通过改变滑坡的几何形态来改变滑坡体的形态，从而使滑坡体平衡的办法，是水库滑坡治理的重要、有效的方法之一，是三峡水库防止滑坡中采用的最多的治理方法，如奉节县新县城水库滑坡50多个，其中丝绸厂滑坡1000万平方米、三马山地区的猴子石滑坡1000万平方米、植物油厂滑坡520万平方米、老房子滑坡560万平方米、湖北秭归县郭家茅坪凤凰山果品批发市场滑坡、坝中心花园滑坡、段库岸滑坡等，综合比选均采用回填反压方法进行治理，还有一些地段采取了削坡减载的预防措施，从三峡水库一年多的蓄水运行情况看，效果不错。卸载与反压处理措施包括前缘支挡反压、滑坡后缘削坡卸载，既可以单独采用，也可以联合实施。这种方法的优点是实施简单、施工方便，缺点是它占用的河道比较多，所以在实施前必须进行河道河势分析和河道行洪能力分析，对重要河段宜进行河工模型试验。

5. 锚杆（索）防治方法

为了防治滑坡、岩崩、坍塌等地质灾害，工程措施常常将一种受拉杆（索）件插入岩（土）体内，这样可以阻止岩（土）体移动或者是增加坡体自身的强度和稳定能力，这时候受拉杆（索）起的就是锚固作用，采用这种技术和工艺进行处理的工程称为锚固工程。

锚固技术起源于20世纪初，1911年美国率先在矿山巷道支护中使用，随

后西利西安矿山1918年开始使用,阿尔及利亚某水坝在1934年加固中也成功地采用预应力锚杆(索)技术。锚固技术就是合理利用岩石自身的强度和稳定性,减少结构体积,提高稳定性,增加构筑物的安全储备。优点是少占用地、施工速度快、工程费用低。因此,在世界各地岩土工程中广泛应用。我国使用锚固技术是在20世纪50~60年代,1964年首次在梅山水库坝基加固中采用锚索加固技术,经过40多年的应用,锚固技术在我国水利工程、交通隧道、建筑基坑、军工、矿山巷道等诸多领域获得了长足的发展。

6. 注浆加固防治方法

注浆加固滑坡体、滑带土是利用压力将能固化的浆液通过钻孔注入岩土孔隙或裂隙中,使岩(土)体的物理力学性能改善、岩(土)体强度提高,最后使滑坡体的稳定性增加。它是防治水库滑坡的有效措施之一。按工艺流程不同可采用静压注浆、高压旋喷注浆、深层搅拌注浆等。

(1)静压注浆法。这种方法一般应用于阻滑段坡面平缓并且排水系统好的滑坡体破碎岩质滑坡、节理裂隙发育的崩塌堆积体,以改善深层滑面力学性质,避免在诱发因素的作用下产生山体滑坡。静压注浆前,宜先做堆石固脚压坡,并核算滑坡处于稳定状态后,再施灌。

造孔的时候严禁用泥浆护理周围。钻土体的时候采用干钻,钻岩体的时候使用清水或者是空气钻进。为提高注浆效果,钻孔穿过滑面后,可采用高压水、气轮换冲洗滑带泥后,再静压灌注,能够有效地阻止稳定浆液(水泥粉煤灰浆、水泥沙浆等)的扩散。采用灰沙比为1:3的水泥沙浆时,宜掺入速凝剂和泡沫剂,浆液产生体积膨胀,这样可以更好地填充滑带土。美国卡斯坦克(Castaic)坝基开挖引起的岩质滑坡采用重量比为水:水泥:粉煤灰=3:1:1,然后把2.0%膨胀土的混合稳定浆液加入在滑体和滑面。灌浆压力控制在0.5~1.0兆帕,采用自上而下分段注浆,直至注浆孔(段)注入率小于0.4升/分钟,并稳定浆压30分钟后结束。

(2)高压旋喷注浆。高压旋喷注浆就是将固化剂例如水泥浆等形成的高压喷射流,利用高压喷射流的切削和混合,使土体和这些硬化剂混合起来,最终达到改善土体的目的。高压旋喷注浆法适用土层广泛,包括软弱层、黏土、沙砾地基、滑坡泥化夹层、破碎带等各种滑坡地基土体。将众多细沙、粉土、黏性土滑坡整治好，已经是国内外采用高压旋喷注浆的成功例子。一般采用沿滑坡滑移轴线方向布置旋喷孔，形成与滑坡滑移方向平行的若干连续壁状固结体，这样既能减少对滑坡排水通道的影响，保持排水畅通，又能改善滑带及滑面力学强度，固结体间距。

（3）深层搅拌注浆。深层搅拌注浆就是利用水泥、石灰等作为主要的固化剂，通过特定的搅拌机，然后将这些固化剂和滑坡体的滑带土等处的软土进行搅拌，利用固化剂和软土之间所产生的一系列物理化学反应，使滑坡的滑带土成为稳定性、整体性高的高抗剪强度的地基土。该方法主要用于防饱和黏性土、淤泥质土及淤泥的滑体、滑带。形成的水泥搅拌桩一般按照格栅状布置，滑面不少于2.0米，且水泥掺入量不少于15%（淤泥及淤泥质土内不少于18%）。为了减少对滑体排水的影响，搅拌的范围一般是控制在淤泥质土等弱透水部位及其上、下部位2米范围内。

引起水库滑坡失稳的原因往往有两个：

①由于外界因素破坏了滑坡体原有的平衡状态使滑坡体产生滑动，如滑坡下部开挖、滑坡上缘加荷等。

②由于外界因素影响降低滑坡土体或滑面的抗剪强度参数使滑坡失稳，如坡体中的地下水作用不但可以产生水压力，而且可以降低边坡的c值、q值。

实际上滑坡失稳的本质是由于滑坡的下滑力超过了滑坡抗剪强度所提供的阻滑力，因此，注浆加固滑坡就是要增强滑坡体的抗剪强度、减小滑坡体的渗透性，从而减小水压力或水动力、提高地基承载力、提高潜在滑面的抗剪强度，这样可以增强坡体的稳定性。

7. 坡面防护方法

水库滑体防护的常用方法主要是坡面防护方法。存水库水位常年波动区容易引起坡面的冲刷、淘刷、坍塌等，久而久之，会进一步引起水库滑坡。坡面防护水库滑坡的方法主要有两种，即植被护坡和结构护坡。

（1）植被护坡方法，包括三维土工网复合植被护坡、草坡护坡、土工织物护坡、植树护坡等。

（2）结构护坡，包括干砌块石护坡、混凝土预制块护坡、抹面与捶面、浆砌块石护坡等。

8. 通过力学平衡改善滑坡体力学条件减少下滑力

力学平衡主要是通过改善滑坡体力学条件减少下滑力、增加抗滑力来防止滑坡体发生移动。改善力学条件是治理滑坡的主要方法，工程措施包括改变几何形状、支挡、锚固、阻滑件等。

（1）改变几何形状。改变几何形状包括滑坡体部分清除、全部清除、前填后挖等措施。通过分析主滑动面的滑动剖析，对于前缘平缓，滑坡体头重脚轻、滑床后缘陡峭、推移式滑坡，在前缘为负值的阻滑地段加载压脚，或者在滑坡后缘为正值的主滑地段减重卸载，这样可以达到滑坡体的力学平衡。对于比较小的滑坡体，可以选择比清理更划算的方法，也可以采取部分或者全部清除的方法。

（2）支挡。支挡方法是通过支挡体来抵抗滑坡体的滑动、平衡滑坡体的下滑力，来确保滑坡体的稳定安全。支挡方法很多，包括"L"形悬臂挡墙、抗滑桩、重力式挡墙、加筋土挡墙、格构框架挡墙、拉钉挡墙等。支挡结构能有效地改善滑坡体的力学平衡条件、较少破坏滑坡体植被，是目前用来稳定滑坡体的有效措施之一。

（3）锚固。锚固主要是通过安设在岩土层深处的受拉杆件而起作用，它的一端锚固在岩土层中，另一端与工程构筑物（或支挡）相连，必要时对其施加预应力，可以承受水压力、土压力等所产生的拉力，用以防止边坡变形，有效承担边坡下滑力，维护边坡的稳定。该方法在三峡库区高切坡中被广泛应用，近几年应用面积达500万平方米以上。

（4）阻滑件。阻滑件主要对阻止岩石层面间滑动起作用，它主要是针对治安滑带和滑面而设计的混凝土结构件，这样可以阻止滑体沿着滑面或者滑带滑动。在三峡库区链子崖等几项工程中采用，效果较好。

## 搬迁避让对预防水库滑坡灾害的影响

很多名胜古迹、道路、城镇、工矿企业、乡村等都是依山傍水而建，新建立的水库引起的滑坡很有可能影响他们的正常生活，因此需要采取必要的措施防止。其中避让是水库滑坡防治中重要的防治措施之一。通过收集资料、调查访问和现场勘察，查明危害对象、危害程度、风险性、滑坡大小等。

（1）针对一些次要的构筑物，采用工程措施直接处理难度大、对滑坡危害对象少，或经过综合经济比选后，拆迁保护对象比工程措施更为经济合理时，这时候就要采取避让措施处理。

（2）针对一般的居民、企业，采用防止或者搬迁的办法。

（3）针对县级、省道、国道道路等可考虑穿洞、绕道方式避让。例如，奉节县陈家沟滑坡群面积28.5万平方米，滑坡体体积1500万立方米，滑坡体高差380米，南北长340~620米，有一省道从前缘通过，经多方比选采用穿洞避让方法。还有就是在重庆市奉节县陈家沟滑坡治理中，采用穿洞避让方法处理后就获得较好效果。这样不仅改善了公路行车效果，增加行车安全，避免大规模开山修路造成的水土流失和旅游环境的破坏，还节省了上亿元的工程治理费用。

滑坡、泥石流防范与自救

# 水库滑坡的危害

滑坡和泥石流一样属于大自然的灾害，它的自然灾害危险程度仅次于地震，但是它出现的频率大大超过了地震，成为人类社会和生活环境中遭遇最广泛、受灾害最深的自然灾害之一。

## 影响社会稳定

大面积边坡滑移不仅会造成重大的财产损失，还会增加居民心理负担、影响到人们的生命安全和正常的生产生活，特别是那些水库新迁移村镇和在江河湖海周围的村镇，水库如果滑坡的话就会威胁到上万人的性命，造成局部社会不稳定。

## 阻碍经济发展

水库滑坡山体一般在经济欠发达的边、穷、老、少地区，较大规模的山体滑坡，不仅使受灾地区的经济受到损失，而且还会阻碍当地的经济发展，2004年四川省达县特大暴雨造成的山体滑坡阻塞河流，导致大部分地区被淹，造成巨大的经济损失。

## 影响正常通航或正在通航船只的安全

在历史上，长江三峡地区多次发生山体滑坡造成断航，2003年湖北省秭归千家坪山体滑坡，数以万计的滑坡岩石滑进了河中，使很多来不及躲避的船被冲翻了。

## 水库淤积也是滑坡灾害的主要方面

当山体滑坡的时候，大量的堆积物堆在水库里面，山体表面的土层滑到江里面，这样就会阻塞江水，影响水库的正常使用。

## 引起地质灾害问题

水库的兴建可以促进旅游业的发展和生态环境的改善，例如长江三峡水库形成的小三峡风景区和新安江水电站形成的千岛湖风景区等。但是水库的兴建也引起了一些地质灾害的发生。比如说水库滑坡，若处理不当会对库区的生态环境与旅游业的发展带来较大的影响。

近年来，随着我国水电事业的蓬勃发展，大型水库越来越多，如黄河小浪底水电站水库、金沙江向家坝水电站水库、金沙江溪洛渡水电站水库、长江三峡水电站水库、乌江彭水水电站水库、乌江构皮滩水电站水库等。国家对水电站水库建设的环保和地质灾害也越来越重视，党中央、国务院高度重视三峡工程库区地质灾害（主要是滑坡治理），2002～2003年对三峡库区滑坡治理拨款（专项资金）40多亿元，2005～2006年对三峡库区滑坡治理拨款（专项资金）又达60多亿元，这样就很好地改善了因为三峡水库造成的地质灾害。

# 预测预警是防止水库滑坡的重要措施

我们从岩石力学的角度看，水库防治就是人为在边坡岩（土）体通过某种结构给它一个外力，或者说人为地改善滑坡周围的环境，最终使它们达到一个力学的平衡状态。由于滑坡内部岩土力学作用的复杂性，从地质勘察到防治设计均不可能完全考虑滑坡内部的真实力学效应，即使大型、超大型滑坡处在相对稳定状态，防治措施也不能提高安全储备，所以我们应该采取安全预警措施。对于已处理的滑坡可检验设计施工，确保安全，通过积累丰富的资料，同时监测数据，反演分析滑坡的内部力学作用作为其他滑坡设计和施工资料；对没有处理的滑坡，或者是很难处理的滑坡，进行地质资料和发展动态的研究，然后圈定那些是滑坡的不稳定区域，确定不稳定滑坡的滑动模式、滑移方向和速度，掌握滑坡的变化规律，这样可以在预防滑坡的时候提供重要的依据。

# 滑坡的预防和救助

滑坡、泥石流防范与自救

# 滑坡的监测

## 监测对象

监测对象主要是那些迹象明显的，对人们的性命或者财产有威胁的单个滑坡或滑坡群体。

## 监测目的

监测目的为通过系统监测，进一步掌握滑坡的变化特征和变形趋势，然后对滑坡进行稳定性的分析，为以后的滑坡预警提供可靠的依据。

## 监测内容

监测内容包括位移、地表水、地下水、降水量、裂缝和宏观变形迹象等。

## 监测手段

监测手段采用专业设备监测与常规监测方法相结合，以常规监测手段为主。

# 滑坡发生的前兆

## 山坡上有裂缝出现

滑坡裂缝是随着形成滑坡的变化而变化的,是滑坡形成过程中一种非常重要的伴生现象,随着滑坡的不断发展,裂缝也会由短变长、由少变多、由断断续续到相互连贯。

对于岩质滑坡,滑坡裂缝的组合形态和方向,通常受节理面和岩层面的影响而被复杂化,规律性非常差。

在滑坡体中部、前部出现横向及纵向放射状裂缝,它反映了滑坡体向前推挤并受到阻碍,已进入临滑状态。土质滑坡后缘裂缝张开比较明显,顺着山坡的水平延伸方向分布,裂缝带或者说是裂缝的平面形态已经向山坡发生弧形凸出的特征,滑坡两侧的裂缝向山坡倾斜的方向延伸,大多数情况下比较平直,并且出现了水平错动的现象,如果有裂缝壁露出地表,上面通常可以见到水平错动留下的滑坡擦痕。

如果地面出现裂缝,那么就说明山坡已经处于不稳定的状态。水平扭动裂缝和弧形张开裂缝圈闭的范围,就是可能发生滑坡的范围。

## 山坡坡脚松脱或鼓胀

在少数情况下,由于人为的破坏或者河流的冲刷,在山坡的下面会形成新地临空面,使滑坡迹象首先在山坡坡脚处显现出来。常见现象有以下两种:

(1) 如果滑坡前部存在阻挡滑动的阻滑带，受后部滑坡推挤，滑坡的前端就会有一个丘状物体在地面上鼓起来，它的顶部还会有放射状或者张开的扇形裂横出现。如果山坡坡脚发生丘状隆起，推移式滑坡可能正在形成。

(2) 斜坡前缘岩层或土体发生松脱垮塌，通常情况下，坍塌的土体比较湿润，坍塌的边界会不断地向坡上扩大。如果山坡坡脚先发生松脱垮塌，并且松脱垮塌范围不断向坡上发展，这时候牵引式滑坡很有可能正在形成。

## 山坡的中上部发生沉陷现象

当地下存在采空区、巷道、溶洞或者较厚的近期人工填土时，有时会由于填土自然压密或洞顶失稳导致地面沉陷。在这种情况下，地面陷落必然与地下采空区、巷道、溶洞和填土范围有明显的对应关系。经过调查研究如果山坡上出现的局部沉陷与地下采空区、巷道、溶洞和填土范围没有对应关系时，这种沉陷很可能就是即将发生滑坡的前兆。

一般情况下，分辨滑坡前兆，可以根据地面沉陷的形状判断。如果陷坑平面形态是椭圆形、圆形、条带形或其他形态，通常是因为自然或地下采空区、巷道、溶洞引发的地面塌陷；陷落带平面形态呈新月状，多数情况下，是由于滑坡引起的地面沉陷。

## 斜坡上建筑物变形

如果斜坡的变形程度不是很大的时候，在耕地和土质面上不容易被发现，不过，水渠、道路、地坪、房屋等人工建筑对变形就十分敏感。

如果发现各种建筑物相继发生变形，并且变形建筑物在空间分布上具有一定的规律性时，接下来就是调查是不是受到了其他人的影响，如果排出了人为原因，那么就很有可能是滑坡发生的前兆。

## 井水、泉水的异常变化

滑坡发展过程中，由于土层、含水岩层被错动，地下水水质和水量动态也会发生相应的变化。在滑坡前缘坡脚处，堵塞多年的泉水有复活现象，或者出现泉水（井水）突然干枯，井水水位不稳定，忽高忽低或者干涸；蓄水池塘突然大量漏失；井、泉水位突变或混浊；流量突然变大、变小，甚至断流，原来干燥的地方突然出现泉水或渗水等现象时，有可能是滑坡来临前的征兆。

但要注意并不是所有的类似的情况都是滑坡来临前的征兆。地下工程施工时的排水活动，也会导致局部地区地下水位下降，与之对应的地下水、泉水或水位相继发生变化，这类变化就不属于滑坡前兆。

## 地下发出异常的声响

滑坡发展过程中会造成地下岩层剪断，巨大石块之间发生相互摩擦或推挤，可能会产生一些特殊的声响。如果地下传来了异常的响动，多多关注一下身边的动物，如狗、猪、猫等有没有异常的情况，因为动物对于声音的敏感度比人高多了，它们往往能先于人类感知危险的逼近。

滑坡、泥石流防范与自救

## 滑坡地区的植被有何变化

坡体上面的植被变化也是判断滑坡的重要依据。不同的滑坡，植被上面的变化也是不一样的。

当斜坡发生过一次或数次剧烈滑动时，斜坡上的树木会出现东倒西歪的现象。

如果是滑坡长时间慢慢地发生滑动的时候，坡上面的树木就会朝着坡上，或者是坡下的一侧弯曲。这时候，一般树木都是成批地朝一个方向倾斜，要对滑坡先兆加以正确辨别，不要把一棵树的倾斜当成是滑坡。

## 各种前兆的相互印证

不同环境下的滑坡，滑坡前兆出现的多少、延续时间的长短以及明显程度也各不相同。有时候出现的异常现象可能不是因为滑坡而是其他原因造成的，因此我们在判断是不是发生滑坡的时候，要先排除其他因素引起的类似现象，做到多种异常现象相互印证，才能做出正确的判断，进而采取针对性的防范措施。

# 滑坡发生时的现场自救

## 自救互救要领

（1）平常的时候留心观察并选择几处安全的避难场地。

（2）避难场地应该选择在容易发生滑坡的坡体的两侧外围，在保证安全的情况下离原来居住的地方越近越好，这样可以保证交通、水、电的使用。

一定要注意：

（1）不要将避灾场地选择在滑坡的附近，如上坡或下坡。

（2）没有经过全方位的考虑，从一个危险区搬迁到另一个危险区。

## 滑坡过后，如何面对矗立的房屋

温馨提示：

认真查看房屋建设，确定房屋是否受到损坏。

自救互救要领：

（1）在重新入住之前，首先确定，房屋是安全的，没有裂痕，也没有破损。

（2）查看一下，水、电、煤气是否安全，能否使用。

（3）确定之后，才能回到住的地方。

一定要注意：

（1）要意识到这个房屋是危险的。

（2）不要没有对水、电、煤气安全检查便进入房屋内生活。

## 滑坡发生时身处非滑坡山体区该怎么办

温馨提示:

迅速向管理人员报告,尽量减少自然灾害造成的损失。

自救互救要领:

(1) 遇到危险的时候最忌讳的就是心慌意乱。保持镇定,尽量在第一时间向相关政府部门和单位将灾害发生的详细情况一一报告。

(2) 保护好自己的安全。

一定要注意:

(1) 不要认为这件事情跟自己没有关系,漠不关心。

(2) 不要以为自己是蜘蛛侠,一个人去救人。

## 滑坡发生时正处在滑坡的山体上该怎么办

温馨提示:

从容镇定,不要着急。

自救互救要领:

(1) 向滑坡的两侧逃离,最好是向上走,寻找安全地带。

(2) 如果已经没有办法逃脱的时候,寻找身边最近的固定物迅速抱紧,保证自己不被冲走,如大树。

一定要注意:

(1) 不要顺着滑坡的方向走。

(2) 不要吓得惊慌失措,待着不动。

## 驱车从发生滑坡地区经过时应怎么办

温馨提示：

仔细观察，注意坠落物。

自救互救要领：

（1）随时注意山上的动静，防止被掉落下来的石头、树木砸伤。实在不行，弃车逃生。

（2）注意看清楚眼前的道路会不会存在塌方、沟壑等情况，以免发生危险。

一定要注意：

（1）不要逞莽夫之勇，直接驱车通过。

（2）不要从刚刚发生的滑坡通过。

## 发生滑坡后应该怎样做

温馨提示：

千万不要走进发生滑坡的地区找寻损失的财物。

自救互救要领：

（1）马上搜寻幸存者。

（2）不要马上住进发生过滑坡的地方，以免造成二次损伤。

（3）滑坡过去之后，确定安全才能回自家房屋。

一定要注意：

（1）不要滑坡一停止，就立刻回家。

（2）不要忽略滑坡形成的二次伤害。

## 抢救被滑坡掩埋的人和物时应注意什么

温馨提示：

挖掘人或者物的时候要从侧面开始。

自救互救要领：

（1）将滑坡体后缘的水抽干。

（2）从滑坡体的侧面开始挖掘。

（3）生命至上先救人。

一定要注意：

（1）千万不要从滑坡下缘开始挖，因为这样会使滑坡加快。

（2）不要只管自己，不管他人。

## 野外露宿时怎样避免遭遇滑坡

温馨提示：

野外露宿，一定不要在沟壑和陡峭的悬崖边上。

自救互救要领：

（1）野外露宿时一定不要在植被稀少的山坡。

（2）如果连续下雨，一定不要在山坡上露宿，因为那个地方很有可能发生滑坡。

一定要注意：

（1）不要在已经出现裂缝的山坡上宿营。

（2）刚刚发生地震后不要进入滑坡多发区。

## 当山体崩滑时如何逃生

自救互救要领：

（1）遇到山体崩滑时，尽可能躲避在结实的遮蔽物下，或蹲在地坎、地沟里。

（2）一定要注意保护好头部，用身边的衣物裹住头部。

一定要注意：

（1）不要顺着滑坡的方向跑。

（2）不要在没有保护好头部时跑。

## 外出时如何避免遭遇滑坡

温馨提示：

如果没有必要，不要去发生滑坡、洪水、地震的地方。

一定要注意：

（1）地震、洪水等灾害还没有停止，不要随意乱走。

（2）注意大自然给你的提前征兆。

## 在易发生滑坡地区如何选择房屋

温馨提示：

检查房屋及周围物体的变化非常重要。

自救互救要领：

（1）检查房屋地下室的墙上有没有裂缝，水、电能不能用。

（2）观察房屋周围的电线杆或者树木是不是向一边倒。

（3）房屋附近的柏油马路有没有发生变形。

一定要注意：

（1）不要没有观察就走进房屋。

（2）不要草木皆兵地将人为原因造成的门、墙以及电线杆倾斜当做是滑坡的前兆。

## 滑坡发生时如何选择撤离路线

温馨提示：

听从地质专家指导，选择正确撤离路线。

一定要注意：

（1）慌乱中不要进入危险区。

（2）听从统一安排，不要擅自选择出路。

# 滑坡发生时的躲藏地点

（1）搬到容易发生滑坡的两侧外围。

（2）在保证安全的前提下，离原来居住的地方越近越好。因为这样水、电、交通越便利。

（3）全面考虑，不要从一个危险的地方搬到另一个危险的地方。

（4）千万不要躲避在滑坡的上坡或者下坡。

# 滑坡灾害的救灾系统

## 监测网络的管理

县、乡、村三级监测网络是一个较完善的系统工程,以一级站为中心,对于二、三级站要按照计划对它们进行管理和业务指导。因为三级站的每个检测点都是基础,所以要重视它的质量和效果。

**一级站(中心站)**

一级站设在县群测群防办公室内,是本监测网络的核心,由办公室主任统一管理,这项工作是属于群测群防办公室的工作。除行使必要的技术职责外,办公室主任还需要监管起下面的工作:

(1)接受省级国土资源局的领导和技术指导,接受县人民政府的领导。定时向上一级报告检测的情况,观察数据和资料,有重大疑难问题时可请求协助,遇到紧急的情况第一时间报告。

(2)编制本监测系统的年度、中长期监测和灾害治理计划,制定本系统的管理制度,针对一级站本身、二、三级站根据制度进行管理。指导、督促、检查二、三级站的工作,及时帮助解决二、三级站提出的重大问题,并向上级报告。

(3)通过信息网络系统,定时收集检测的数据和资料,在有险情的情况下,保证网络的畅通和及时互动,随时与二、三级站保持联系。

(4)每年丁汛期前夕在辖区内进行地质灾害险情大排查和汛后地质灾害现状巡查总结。

(5)组织本县的乡、村检测员、有关管理人员向危险区内的涉险村民进行减灾防灾科普知识培训，至少每2~3年进行一次。

(6) 组织好每年监测系统的年终总结，写成书面报告及时地上报给上级。

**二级站（乡监测小组）**

二级站实际上是业务管理站，是一级站针对三级站（村及村下面的若干监测点）输出的技术管理人员的架构。一般情况下是一级站的技术人员到二级站，跟二级站的相关人员一起到村各监测网点进行业务指导、督促和检查，是一级站和三级站之间的桥梁和中转站，所以二级站的作用也很重要。

因为二级站离乡村很近，联系紧密，所以常常到村监测点指导、检查工作，与村委会一起解决监测中遇到的问题。

**三级站（村监测网点）**

三级站是整个检测网络系统的基础，对于检测运行工作的好坏起到关键作用。三级站设在村委会办公室或其他居中心位置的村民住房，根据滑坡等灾害隐患点的多少，开设监测点，应该在村委会的管理下开展工作，三级站的工作任务和职责是：

(1) 接受一、二级站的管理和技术指导。定期通过二级站向一级站输送信息中心需要的检测资料，如果出现险情，第一时间向他们报告。

(2) 监测员上岗前必须参加地质灾害防治知识和监测技术的培训。检测员要时刻学习检测基础知识，提高自身检测水平，根据一级站编制的检测计划、时间和方法，由三级站安排监测任务，做好监测工作。每次监测做好原位变形量测和其他资料收集，第一时间记录、登记。同时进行地面巡视调查，应该尽可能地扩大调查的范围。每次检测完之后，应该向村委会报告，并把前几次监测的数据资料合并分析是否有异常变形出现，如果出现，应及时上报一、二级站。

(3) 村委会主任应经常到各监测点查看、了解监测情况，如果在危险区内有建筑物出现了变形，应立刻竖立简单标志，同时向一、二级报告，取得同意后方可埋设。

(4) 当一级站于汛期前后在本村进行地质灾害应急调查的时候，应积极参与和协助，同时向调查组提供监测资料和其他有关信息。

（5）当本村的隐患点出现险情时，除立即向上级主管部门报告外，应按照防灾预案，做好灾害预警和救灾准备。灾难发生的时候，在抢险救灾行动部门的组织下积极参加抢险救灾行动和灾后恢复生产、重新建立家园的工作。

## 滑坡等地质灾害应急调查

降雨可能诱导滑坡等地质灾害的发生，所以每年在降雨前后都要对危险区的地质进行调查。一级站负责在汛期前组织对滑坡等地质灾害隐患点进行排查；汛期过后对本县年度的地质灾害进行一次调查，统计；汛中二级站协助三级站对地质灾害的重点防护点（包括监测点）进行地面巡视调查。如果有强降雨的话，应该加强对地面的巡视调查，主要调查的内容如下。

1. 滑坡隐患点的调查

滑坡的形成主要经过蠕变、裂变和滑移三个过程。蠕变变形很微小，地表基本无反应，看不见；从裂变阶段开始，地表首先要出现变形，一开始的时候裂变很小，大多数出现在滑坡后部（缘），随后裂缝慢慢增大，并向滑坡前部（缘）发展，直至产生整体滑动。所以，滑坡隐患点的调查应该从滑坡的后面开始。

2. 滑坡后部（缘）的调查

在调查滑坡后部时，若发现地面有断断续续的裂缝连接起来，略呈弧形，但是它的裂缝还是很小，仅仅只有几厘米，滑坡的形成仅仅是在第二阶段的初期，这时候离整体滑坡还有一段时间，可加强地面裂变观测。若滑坡后缘的弧形裂缝已经一目了然，裂缝宽度已发展到 10~50 厘米不等，这说明这个滑坡已经到了第二时期的中后期。根据调查研究，许多大型滑坡发生的时候，地面张裂缝可达 1 米以上。当发现滑坡后缘地面裂缝完全连通，张裂不仅大而且深，并且它的裂缝外侧还有十分明显的迹象，这表明滑坡的形成已进入开裂变形后期，马上就要整体滑移，应该尽快将危险区的居民转移，并马上向主管部门报告。

3. 滑坡中部的调查

滑坡形成过程中的中部地面变形没有滑坡后缘那么明显，尤其是在开裂变形的初期，当滑坡的后缘有裂缝的时候，滑坡的中部不一定有裂缝。大多数快速滑坡直到开裂变形的后期，中部才可能有开裂变形。并且它变形的速度很快，这可能预示着滑坡即将滑动，应该立刻将居民转移，同时上报有关部门。对于大多数慢速滑坡的形成或老滑坡体的复活滑动，如果中部的建筑物和其他设施变形就说明这时候滑坡已经开始慢慢滑动。在滑坡中部调查房屋变形时，要注意分析是否因滑坡而造成。如果坡体上面的房屋变形仅仅是个别的房屋，发生的时间比较早，并且不在同一个时间里，那么可以说明房屋的变形不是因为滑坡造成的。若大部分房屋在同一时期出现开裂变形，而且近几年不断加剧，这种情况可以表明这个滑坡就是一个老滑坡，这几年正在慢慢地滑动。

4. 滑坡前部（缘）的调查

对于推动式滑坡的形成，滑坡前端的变形比滑坡后端的变形稍晚，不过它表现的问题很明显：

（1）若滑坡前缘挡土墙仅出现纵向开裂，并有向后仰的特征，在挡墙外侧地面未见开裂和上拱变形，表明滑动在挡墙基础以下或更深。

（2）若滑坡前缘已建挡土墙向外鼓出断裂，但外侧地面没有上拱变形现象，说明此滑坡剪出口就在挡土墙鼓出的位置。

（3）如果在滑坡前缘调查发现地下水横向并且形成了带状，那么可以表明滑坡剪出口也在这一带。如果露出来的地下水是浑浊不清的，那么可以表明滑坡正在慢慢移动。

（4）如果在滑坡前缘调查发现外侧地面上拱，建有挡土墙，那么可以表明滑动面已经形成并基本贯通，滑坡剪出口就在挡土墙外侧地面附近。

出现以上情况，应该立刻向上级主管报告，请专家来做进一步调查。

# 滑坡的灾后恢复和重建

滑坡、泥石流防范与自救

# 滑坡灾难的评估

## 人员伤亡

人员伤亡包括两方面，一方面指的是直接受伤的人数，另一方面指直接死亡的人数。这两方面不要一起统计，应该分开计算。

（1）受伤人员统计：在统计因灾害直接受伤人数时，轻伤、重伤不要分开统计，要根据国家相关文件的标准来进行。

（2）死亡人数统计：因为灾情死亡的人数包括发生灾难的死亡人数和灾后经过抢救无效死亡的人数。发生灾害后在现场抢救发生的伤亡事故人员，不属于灾后死亡人数。

## 直接经济损失

直接经济损失是指滑坡发生过程中对地表房屋等建筑、耕地、物质财产、设施、生态和自然人文景观等危害折合成现金的总数。

## 间接经济损失

由滑坡灾害造成的间接经济损失各种各样，分类如下。

1. 中断交通带来的损失

国家公路、干线铁路，如果停运一个小时或者一天，那么就会造成很严重的损失。如果灾害严重的话，停运一个月，造成的损失可想而知。如果一条一条通往山区乡村的公路，因灾断道一个月，就会严重影响到内外生产物质的运输，这样很可能会造成乡镇工矿企业产品的积压，造成工厂停工，甚至倒闭，使农民收入减少。

2. 堵断江河带来的损失

堵断江河所带来的损失主要表现在：因为堵塞大坝，所以大坝上游的水返回淹没铁路、公路、乡村、城镇和其他设施，给上游人民的生产生活带来损失。如果大坝溃决以后，就会冲毁下游的森林、农田、村庄、桥梁、道路和城镇，甚至造成人员伤亡。间接损失往往会超过直接损失。

3. 毁坏机关、工矿、学校带来的损失

造成机关工作人员不能正常上班，工矿停工、停产，学生不能正常上课，其他工作也无法正常进行。

4. 中断通信线路带来的损失

现在是信息时代，如果生活、学习、工作离开了信息，就会一团糟。所以损坏了通信线路，带来的影响和间接损失是很大的，谁也不能说清楚造成多么大的损失，统计起来也是困难重重。

## 对社会环境的影响

一次大的灾害在社会上会造成很多不良影响，比如谣言四处乱飞、人心惶惶，少数人还会听信谣言去外面逃生。坏人趁机兴风作浪，治安状况下降，甚至会引起整个社会的不稳定。有些滑坡灾害破坏和影响自然、生态环境，几年甚至几十年都无法恢复与重建。特别是那些文物被毁坏之后就不能再修复。

# 滑坡的灾后重建

## 强化减灾防灾意识，建立科学的灾害防御系统

（1）防范滑坡灾害的发生，不仅需要关注滑坡的先兆，还要充分调动群众的积极性、能动性，群策群力，及时做好防范措施，共同防灾、减灾。

（2）关注河道，及时清理疏浚河道，保持河道干净和沟渠通畅。

（3）滑坡地区的排水通道要保持畅通，根据具体情况，将临空面上的危树和大树除去，减少灾害的威胁概率。

（4）公路的陡坡应该尽量消减坡度，这样可以防止公路沿线的滑坡。

（5）发动群众，积极配合相关技术工作者对村寨、乡镇等存在安全隐患的地区进行严密排查，特别是对滑坡的水量变化、裂缝、泉水等现象做好及时观测，进行群测群防。

（6）防止渠道淤泥堆积、阻塞沟口。

## 系统治理

1. 消除或减轻水的危害

（1）排除地表水。排除地表水是整治滑坡不可缺少的辅助措施，而且应是首先采取并长期运用的措施。主要目的是拦截、旁引滑坡区外的地表水，防止地表水流入滑坡区内，或者在第一时间内将滑坡区内的雨水及泉水尽快排除，阻止雨水、泉水进入滑坡体内。其主要工程措施有：

①设置滑坡体外截水沟。

②修建滑坡体上地表水排水沟。

③做好引泉工程。

④做好滑坡区的绿化工作。

（2）排除地下水。对于地下水的处理方式，是可以引导但是不能堵住不让它流动。主要措施有以下几种：

①截水盲沟。用于拦截和旁引滑坡区外围的地下水。

②支撑盲沟。兼具排水和支撑作用。

③仰斜孔群。水平钻孔把地下水引出。

④盲洞。排除滑坡体内地下水。

⑤渗管。排除滑坡体内地下水。

⑥垂直钻孔。排除滑坡体内地下水。

（3）防止河水、库水冲刷滑坡体坡脚。其主要工程措施有：

①"丁坝"。在滑坡体上游严重冲刷地段修筑促使主流偏向对岸的"丁坝"。

②铺设石笼、修筑钢筋混凝土块排。在滑坡体前缘修筑，避免坡脚的土体受河水冲刷。

2. 改变滑坡体的外形，建立抵抗滑动的建筑物

（1）削坡减重。常用于治理处于"头重脚轻"状态并且在前面没有支撑物的滑体，使滑体外形改善、重心降低，从而提高滑体稳定性。

（2）修筑支挡工程。因为失去支撑并且滑动的滑坡，或者滑坡床陡，滑坡滑动可能较快，采用修筑支挡工程的办法，可以使滑坡的重力保持平衡，使滑坡体在最短时间内获得稳定，从而阻止滑坡的继续。主要措施是：

① 抗滑片石垛。

② 抗滑桩。

③ 抗滑挡墙。

3. 改善滑动带的土石性质

一般采用物理化学的方法对滑坡进行整治，例如焙烧法、爆破灌浆法。

4. 应当因地制宜作出工程措施规划

一般采用排导法、拦挡法、沟通治理、坡面治理等。

## 工程措施

1. 排导工程

排导槽、渡槽、急流槽、停淤场、导流堤、束流堤。

2. 拦挡工程

抗滑挡墙、抗滑桩、预应力锚固、拦沙坝和格栅坝。

3. 沟道治理

谷坊、护坡、护底、排洪渠道。

4. 坡面治理

梯田建设、削坡、挡土墙、坡面排水系统。

5. 生物措施

（1）水土保持林草措施是指水源涵养林、防护林、护堤林、护滩林、水土保持草等的建设。

（2）农业措施有退耕还林、等高耕作、滑坡体上水田变旱地、调整土地利用方式、开发利用泥石流堆积扇等。

（3）生态保护与恢复措施主要是封山育林育草、生态自我修复等。

由于滑坡成因复杂，影响因素多，因此，需要上述几种方法同时使用，综合治理，方能达到目的。

## 具体措施

（1）利用广播、电视、报刊、板报等舆论工具宣传滑坡的危害。

（2）受灾乡、镇居民房屋重建；整治受损耕地，恢复生产。

（3）印发滑坡的有关知识小册子及群测群防知识手册。

（4）交通、水电、通信线路等恢复与重建。

（5）在各监测点由政府发布公告、立碑，划定滑坡危险区。

（6）不要在房屋的上方斜坡地段堆放土石，废弃土石量较大时，要选择安全场地进行堆放。如果在斜坡上面堆放土石，也容易产生滑坡。

（7）修筑钢筋混凝土块排管，铺设石笼。

（8）用焙烧法、爆破灌浆法改善滑动带的土石性质。

（9）建设截水盲沟、支撑盲沟、盲洞、渗井、渗管、垂直钻孔。

（10）在危险区利用赶集、会议等形式开展宣传。

（11）在采石、取土、修路、建房、整地、挖沙时不要随意开挖坡脚、不能盲目建筑，尤其是房屋的前后不要随意开挖坡脚。

# 不可忘却的滑坡

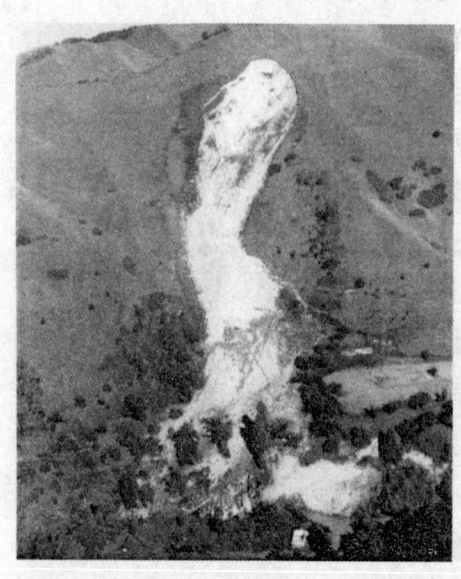

## 古代的滑坡记载

（1）近2000年来，长江三峡地区因滑坡引起堵江断航事件达到7处9次。

（2）1026年、1542年秭归新滩2次堵江，曾分别中断长江航运25年和8年之久。

（3）唐永昌元年（公元689年）华州（陕西华县）赤水南岸山坡滑动，滑移数百步，其上草木完好无损，滑坡毁坏一个30余户的村庄，赤水亦被滑坡阻断成湖。

（4）公元前10年、1437年、1449年、1773年岷江曾多次被滑坡所堵断，其后1933年四川叠溪地震，岷江两岸山体崩滑形成3座高达100多米的堆石坝，岷江被完全堵塞，1个多月后堆石坝溃决，高达40多米的水头顺江而下，席卷了2个村庄。

## 现代的滑坡概述

（1）1967年6月8日，雅砻江唐古栋滑坡（6800万立方米）。

（2）1967年7月16日，巫山长江南岸鲤鱼沱滑坡（180万立方米）。

(3) 1972年6月18日，香港两起重大滑坡事故（死138人、伤80人）。

(4) 1980年7月3日，成昆铁路铁西车站滑坡（220万立方米）。

(5) 1982年7月18日，云阳长江北岸鸡扒子滑坡（1916万立方米）。

(6) 1983年3月7日，甘肃东乡县洒勒山南麓滑坡（4000万立方米）。

(7) 1985年6月12日，秭归新滩滑坡（3000万立方米）。

(8) 1988年1月10日，长江支流巫溪下堡乡中阳村崩滑（1000万立方米）。

(9) 1989年1月7日，澜沧江中游在建大型水电站左岸崩塌（106万立方米）。

(10) 1989年7月10日，华蓥山溪口滑坡（1000万立方米）。

(11) 1994年4月30日，重庆武隆白马鸡冠岭崩塌（325万立方米）。

(12) 1996年6月10日，巴东迁建县城新址二道沟滑坡（46万立方米）。

(13) 1998年8月9日，重庆巴南麻柳嘴滑坡（约30万立方米）。

(14) 2001年5月1日，重庆武隆县城江北西段崩塌（16万立方米）。

(15) 2001年7月11日，重庆綦江赶水瓦池村滑坡（2900万立方米）。

## 世界滑坡概述

(1) 1939年，加拿大Montagneuse河谷发生7600万立方米的历史上最大滑坡，堵塞河流形成15千米长的水库，于1988年溃决。

(2) 1952年冬天，美国洛杉矶滑坡造成750万美元的损失。

(3) 1963年，意大利Vajont双曲拱坝库区发生体积2.7万~3万立方米的大型滑坡，245米高的浪翻过267米的大坝冲向下游，席卷下游5个村庄，夺去2600多人的生命，造成数亿美元的损失。

(4) 1963年，秘鲁Huascaran山区因地震而触发的山体滑坡，使18000人失去生命。

(5) 1977年，瑞典塔维滑坡，150间房屋被破坏或重创，9人丧生，直接经济损失约1.5亿瑞典克朗。

（6）1999年10月，墨西哥因大雨引发滑坡，致使600多人丧生或失踪，20多万人无家可归。

（7）日本新县、俄罗斯的高加索和黑海沿岸、英国的南威尔士、肯尼亚中部、美国加州与新泽西州、法国南部阿尔卑斯等地都曾因滑坡造成不同程度的损失。

## 2006年5月22日广东省佛山市顺德区发生山体滑坡

2006年5月22日，广东省离顺德区客运总站只有几百米的金斗村发生山体滑坡，两吨重的巨石夹杂着泥石流倾泻而下，滑坡离山坡下的居民住宅区只有几米的距离，100多名居民紧急撤离。

在这泥石流发生之后，顺德区下了连续两天的暴雨，区内的许多街道遭到了洪水的侵袭。受到暴雨的影响，在5月27日下午3时左右，顺德区马岗小学附近，山体发生滑坡，一名12岁女孩不幸被倒塌的围墙掩埋致死。

事故发生后，当地的政府部门在第一时间开启了山体滑坡的紧急预案，迅速安排专人24小时监控马岗村滑坡山体和附近地区，杜绝这类事情的发生，避免不必要的人员伤亡。

## 2007年6月28日辽宁省大连市沙河口滑坡事故

2007年6月28日，大连市沙河口区锦华南园10号楼北侧发生滑坡事故，大楼基础下面的土体大量崩塌，地基整体遭到破坏，导致该楼整体向北滑移，楼体向东北方向倾斜，水平滑移近10米并下沉10米左右。致使该楼楼体部分悬空、倾斜，由于处置及时，这次滑坡事故没有出现人员伤亡和财产损失。区突发公共事件应急管理办公室、公安、消防、城建等相关部门立即赶赴现场抢救，并成立了现场指挥部，同时报告大连市政府及相关部门。各相关部门立即启动应急预案，对事故进行应急处置。同时，立即组织楼内9户居民紧急疏散，安置在临近酒店居住。结合近日气象条件，10号楼极有可能整体滑移向下冲砸坡下距离 10 号楼 37 米远的锦霞南园 22 号楼。经征询专家组意见，经过大连市应急处置现场指挥部研究，将居住在 22 号楼的 60 户居民一并转移，分别安置到临近的三家酒店居住。同时公安保护安全，医疗卫生队也进驻酒店，为居民的安全服务。

与此同时，大连政府救灾部门召开专家组讨论后，确定了事故救援组织措施和防止事故及次生灾害方案。根据指挥部下达的命令，大连市供电、供水、供气及地质灾害勘测等相关部门迅速采取措施，

避免次生灾害的发生，同时对全市低洼区、深基坑、挡土墙等存在安全隐患的地方进行排查，保证人民的生命和财产安全。

## 2009 年 4 月 26 日云南省信县发生山体滑坡

4 月 26 日中午 11 时 40 分左右，云南省威威信县麟凤乡麟凤村出水洞村民小组梅子坳一公路边由于采石场的开采活动引发边坡滑坡，事故造成过路行人共 4 人死亡。中午 12 时 40 分左右，该县扎西镇小坝村羊梯岩又发生山体滑坡地质灾害，滑坡体将花家坝煤矿 2 栋平房摧毁造成 3 人死亡，2 人受伤，19 人失踪。

事故发生后，市国土资源局、民政局、公安局、武警支队、消防支队、交通局、地震局、安监局、卫生局、扶贫办、建设局、煤炭工业局和市医疗队火速赶赴事故现场，组织指挥应急抢险、救援处置等工作。

地质专家实地调查认为持续强降雨天气是引发此次山体滑坡的重要原因。

专家在滑坡灾害发生现场发现，发生滑坡的山体在两条小河中间，山体岩层的倾向与山坡的坡向一致，这样就构成了典型的顺向滑坡不稳定结构。山体

由沙岩和泥岩呈互层状分布，这是一种非常脆弱的地质结构。还有就是坡度比较陡，只要外力稍有变化，山体在重力作用下，会沿着比较软弱的层面向下滑动，从而形成山体滑坡地质灾害。山体滑坡给两栋房屋造成了毁灭性冲击，房屋的后墙与前墙被挤压到一起，墙已经完全破碎，已经看不来是两栋楼，只有一些水泥砖混合在碎石中，从公路直泄到几十米深的山沟中。滑坡体宽约50米、长约150米，据估计滑坡量约为5万立方米。

## 2009年5月17日陕西省眉县太白山森林公园因降雨发生山体滑坡

17日深夜，陕西省眉县的太白山国家森林公园景区发生一起山体滑坡，致使铁道中断，12名自驾游游客以及他们的三辆车被困，最后被安置在景区游客接待中心。这次滑坡发生在景区骆驼峰以下500米的景区道路旁，是因为这几天连续下雨诱发的，下落的滑坡体约800立方米。

## 兰州是滑坡灾害多发区

从20世纪50年代开始，兰州市的滑坡就没有停止过，给人们带来巨大的灾害。

(1) 1951年8月14日，兰州市大洪沟发生泥石流，兰州机场被埋，造成严重灾害。

(2) 1964年，兰州市西固区洪水沟的泥石，将长堤冲毁，流出外面，造成大面积的洪水，后续泥石流沿洪道流到6千米以外的陈官营，车站被淹没，部分铁路被毁坏。

(3) 1966年8月8日，兰州市大沙沟发生泥石流灾害，造成死亡约128人，其中包括幼儿园的30名孩子，直接经济损失超过4000万元，153.33公顷菜田毁于一旦，生物制品厂库存针剂被冲毁，32厂大型设备被损坏，房屋建筑坍塌。

(4) 1986年，白塔山186号院内发生山体滑坡，只有200多立方米的滑坡体造成了7人死亡……

(5) 2009年上半年，兰州市泥石流发生频繁，给人民的生命安全和财产安全带来伤害：

①3月26日下午1时许，312国道兰州市和平段阳洼沟山体发生大型山体滑坡，连接着亚欧大陆的长途光缆被压，中间断了6个多小时，312国道受阻达3小时。

②4月1日凌晨，兰州市红山根四村发生山体滑坡，堆积土掩埋了山下的一条小路，山体附近的一家住户的大门被黄土堵住。

③5月13日上午，兰州市伏龙坪杨家沟一处山体塌方，导致3户居民房屋悬挂在山岩上。

④5月19日凌晨3时多，312国道榆中县和平镇兰州市警校以西50米处，将近7000立方米的山体滑坡，导致国道中断5小时，数千辆过往车辆受阻。

据统计，近50年间，兰州市境内已发生36次滑坡泥石流灾害，造成直接经济损失4亿多元，死伤人数达451人。从20世纪80年代起，兰州市滑坡泥石流灾害发生频率加快，次数显著增多，几乎每一年都要发生一次，甚至多次。

## 2013年1月11日云南省昭通市镇雄县山体滑坡

11日，云南省昭通市镇雄县果珠乡高坡村赵家沟村民小组发生特大山体滑坡灾害，滑坡是由于高位陡坡上松散的残坡堆积体，经过10多天的雨雪浸泡渗透，水分饱和后发生滑坡，总计约21万立方米的滑坡体从陡坡上倾泻而下，导致赵家沟14户民房损毁掩埋，造成46人死亡2人受伤。

## 2013年3月18日巴西里约东南部强降雨引发山体滑坡

发生山体滑坡的地方是距里约热内卢65千米的彼得罗波利斯市，截至3月19日，已经有13人遇难，500座房子被毁，里约热内卢州经常发生严重的山体滑坡。2011年1月，巴西里约热内卢州山区成为巴西历史上遭受最大灾难之一的地区。当时，洪水和山体滑坡共造成900多人遇难，近40万户家庭被迫离开他们的家园。

# 认识泥石流

滑坡、泥石流防范与自救

滑坡、泥石流防范与自救

# 泥石流的分类

泥石流的分类跟它的研究和防治工作紧密结合。所以分成以下几类。

## 按运动和岩土类型的分类

除了降水条件外，泥石流在形成过程中主要依赖固体物质类型，如土石体、土体、基岩。不同的运动方式，形成了各种各样的泥石流。由于它们的分类是按照不同的学科分的，所以它们在自然界很容易就能被考察者鉴别和区分。比如，地质学家按照斜坡的运动将泥石流分为倒塌、滑动、坠落、流动和复合运动五种运动类型。泥石流的形成不是单一运动的物质补给，所以我们根据这一特点，将物质类型和运动类型结合起来进行分类。

1. 崩塌型泥石流

通常，这类泥石流形成于第四纪，经过了强烈的风化作用，由于质地松散，以板岩为主的山地斜坡发生了泥石流。我国这类泥石流的典型例子多发生于云南东川蒋家沟内的许多谷坡、黄土高原和红壤区。不过在基岩山坡上，常常会发生崩积锥，泥石流却不容易发生。

2. 滑坡型泥石流

滑坡型泥石流是位于山坡高位上的

浅表层发育的滑坡，经过长时间的雨水侵蚀，或者是大雨、暴雨的侵袭才形成的。这类泥石流的运动有着复杂的过程。很有可能是先形成滑坡，然后滑体在快速滑动的过程受到强烈的干扰出现液体的现象。当滑体充分液化后，就会变成泥石流体，此时，流体已到达了谷底，而且，它还可以顺着谷底继续流动，在遇到黄土和红壤的山坡地带时，就会有滑坡型泥石流产生。此类泥石流灾害容易发生在我国的山区。

3. 沟谷冲刷型泥石流

冲刷型泥石流是能带走沟床内大量厚层河床质的供水量，冲刷河床质引起的。当山体为壤土类型，河床质为石质基岩时，侵蚀性泥流和水石流就会发生。

4. 沟谷型泥石流

沟谷型泥石流是指沟谷和坡地上的饱含小至黏土，大至巨砾的液固两相流，首先汇集在沟谷内，在山洪的激发下，顺着陡峻的沟谷冲向下游，形成泥石流是混合侵蚀的一种表现形式。这类泥石流沟具有明显的流域地貌特征，面积通常在10平方千米以上，在流动的过程中有各种物质补给。

## 按泥石流性质的分类

我国经过长时间的对泥石流进行研究和预防，根据泥石流的性质对泥石流进行分类。这种分类方法在过去应用得很多，但是，所用的分类标准既不统一，又非硬指标，很难规范，所以很难应用。过去的时候用泥石流的浓度作为指标，但是，在同一容重下，常常会出现由不同固体物质组成的几种性质的泥石流。还有采用表示颗粒的方法作为指标，但是有时也出现同一代表粒径（$d_{50}$，$d_{cp}$……）有不同浓度的现象，因

此,它的性质也是不一样的。我们在确定一条沟的泥石流的性质的时候,要提供一些它的流变特征值,但是这些值不可能在现场准确得到,这些都是后来得到的。对于它的优点和不足,经过谈论研究,提出了一种新的性质的分类方法。此法的分类指标包括以下两种。

1. 容重

容重一般是工程上用的 1 立方米的重量,即单位容积内物体的重量。它代表有多少泥石流固体物质,特别是针对大于 2 毫米的颗粒固体物质的含量。泥石流容重越大,则固体颗粒越多,泥石体越密集,那么它的结构就越紧密,运动阻力也就越大。

2. 土水比

土水比是指泥石流中黏土(小于 0.005 毫米)重量与水体重量的比值。水土比表示的是泥石流浆体中的稀稠度,土水比越大,泥浆的稠度就会越大,它的黏性就会越大;土水比越小,泥浆的稠度就会越小,它的黏性就会越小。

在对泥石流进行分类时,如果把这两个指标结合起来,那么,泥石流的性质就会被锁定,就会成为泥石流性质分类的硬指标,仅用一种指标分类的不足就能得以弥补。根据容重和土水比,可以将泥石流分为稀性泥石流、高黏性泥石流、水石流、泥流、高含沙水流、亚黏性泥石流、黏性泥石流七大类,下面我们就详细地讲述泥石流的特点。

(1) 稀性泥石流:这种泥石流的容重是 1.4~1.7 吨/立方米,土水比为 0.2~0.5。小于 0.005 毫米的黏粒是该类泥石流中的泥浆的组成物质,其中,沙粒几乎是悬移质,砾石是推移质,由于没有很强的黏性,导致整个流体接近水流特性。该类泥石流流动画面很紊乱,里面有少量的石块会翻滚相互碰撞,在近处可听见它们的撞击声。

(2) 亚黏性泥石流:这种泥石流的

容重为 1.7~1.95 吨/立方米，土水比为 0.35~0.6。与稀性泥石流相比，该类泥石流的流动性增强，同时有一定的结构力和黏滞性，它在搬运的过程中能力加强，流体在运动过程中没有浪花飞溅，但有波纹，有很微弱的紊动。

（3）黏性泥石流：这种泥石流的土水比为 0.6~0.75，容重为 1.95~2.3 吨/立方米，流体中有密集的小石块，浓稠的泥浆。但是它的黏性并没有增加，因为泥浆液在粗石块间形成泥膜，起到润滑作用，使粗粒间的运动阻力大大降低，所以黏性泥石流的速度很快，可以达到 4~8 米/秒。

（4）高黏性泥石流：这类泥石流的容重高达 2.3 吨/立方米以上，土水比在 0.7 以上。它是因为常年没有下雨，突然一场暴雨袭来，大量粗糙的泥沙砾石在径流的参与下形成泥石流，一般情况下，它在自

然界很少发生。它们在往下游运动的过程中，因为河槽长期处于干枯的状态，且泥石流中的水体大量下渗河床，因此加强了本来就很黏稠的泥石流的黏稠度，这样就形成了自然界很少见的高黏性泥石流。在这样的泥石流中，泥浆结构力和黏滞力更强。它们在运动的过程中，石块之间的泥浆由于相互作用，产生相对阻力，使泥石流的运动速度也受到影响，变得很缓慢，一般在 1 米/秒左右。同时，由于 2 毫米以上的石块密集于泥石流浆体中，极不容易发生相对位移，因而，它常常保持一定的结构，呈蠕动或层状运动。

（5）水石流：由水与粗沙、石块和巨砾组成的特殊流体。其黏粒含量少于泥石流和泥流。这种泥石流的容重至少要在 1.5 吨/立方米以上，土水比在 0.2 以下。它的主要特点是粗大的颗粒物质存在，大于 2 毫米的砾石和块石占总体的 90% 以上，但是它的黏性颗粒的含量很少，里面含有很少的沙和细沙。山区大降雨时河溪夹运沙石的运动，基本上就是此类泥石流的运动过程。这些石块在水流中按照跳跃、碰撞和推移的形式向前进，因此，当泥石流发生的时候，

就像有很多飞机在嗡嗡响，也像是奔驰的火车，发出很大的声音。到目前为止，我们还没有目睹和观测到大型水石流的活动情景，只是调查过它发生过后的现场，并且拍下它的相关照片，从堆积物中，当地的农夫从里面捡到很多条从上游冲下来的大蟒蛇，很有可能是被石块相互撞击而死的。可见水石流的发生和运动与石块的相互碰撞有密切关系，能够产生强烈的冲击力，引起边岸的坍塌等，因此许多泥石流研究者对泥石流中粗大颗粒的运动，采用英国学者的颗粒在流体中碰撞的离散理论进行分析和解释是有一定道理的。

(6) 泥流：泥流是指以细粒土为主的流动体。固体物质来源中缺乏粗颗粒物质，而黏土颗粒在细粒物质中的含量又很高，固体物质的组成成分又多为沙和粉沙，泥流中所含的水可以达到60％，泥流是一种很特殊的水石流，它的土水比通常大于0.6。我国的西北高原黄土区是泥流的主要发生地，它是黄河泥沙的一种主要供给。

(7) 高含沙水流：这类泥石流的容量一般比1.5吨/立方米低，土水比低于0.2，不过它的流动过程有点像是水流动。但是它的含沙量比较高，在泥石流开始和结束时，都会发生这种现象。它是水力学正在研究的课题。

## 按沟谷地貌特征的分类

一条完整的泥石流沟，就是一个完整的小流域，从上游到下游一般由清水汇流区、泥石流形成区、泥石流流通区、泥石流堆积区四个部分组成。按照流域的沟谷地貌形态，把泥石流沟分为泥石流工作者能够普遍接受和认同的三种类型，便于识别。

(1) 典型泥石流沟：此类泥石流沟有明显的泥石流形成区、流通区、堆积区以及清水区。在一些大型的泥石流流域里面还会有很多的支沟发育，中间也会有很多不良的地质灾害发生。

(2) 沟谷型泥石流沟：此类泥石流流域为长条形，形成区不明显，泥石流两侧是泥石流物质的主要供给区，流通区很长，有时候会把形成区给代替了。堆积区视汇入的主河是淤积性还是下切侵蚀性的不同而不同，前后者的主要区别是有没有堆积扇的存在。

（3）坡面型泥石流沟：坡面型泥石流是先产生滑坡，而后迅速转变为泥石流的过程。它兼有滑坡和泥石流的一些特征。发生坡面流的斜坡残坡积土主要为黏性土，含少量块石或碎石，土层厚度小。土中黏土矿物由伊利石、蒙脱石、高岭石组成，具低—中等膨胀性，因而其渗透性低—极低。受持续暴雨作用，此种残坡积土局部发生启动下滑—流土，进而在动水压力作用下下泻造浆形成坡面泥石流。坡面型泥石流沟浅而宽，大多顺斜坡的倾向发生，也有斜交坡向而沿岩层走向发生，是沟谷型泥石流发育的雏形。

## 按水源条件分类

水是泥石流重要的组成成分，也是激发泥石流形成的条件，因此对于泥石流，国内外许多学者都以水源条件分类来进行研究，为防治工作服务。泥石流的工作者按照水源的不同将泥石流分成以下几种：

（1）暴雨型泥石流（包括台风雨）：它是因为暴雨长时间侵袭形成的。在我国的西南山区、香港和台湾，是中国境内暴雨型泥石流的多发区，每年由于这些区域都会遭到暴雨和台风雨的"光顾"，所以，产生的泥石流会给当地带了很大的损失。同时，它也是世界上分布最广泛、最容易产生的泥石流。

（2）冰雪融水型泥石流：发育在现代冰川和积雪边缘地带，由冰雪融水或冰湖溃决、洪水冲蚀形成的含有大量泥沙石块的特殊洪流。常发生在增温与融水集中的夏、秋季节，晴、阴、雨天均可产生。与暴雨泥石流相比，冰川泥石流具有规模大、流动时间长等特征。世界上有10多个国家遭受冰川泥石流灾

害。我国主要分布在西藏高原的东南部冰川积雪地带。

（3）水体溃决型泥石流：这类泥石流的产生主要是由于冰湖、堵塞湖、水库、高山以及滑坡崩塌形成的临时性湖泊的决堤而形成的。

## 按土源条件分类

土源条件就是泥石流的物质组成来源。因为这类泥石流与岩性关系密切，国内外的不少专家按这样的分类对泥石流进行研究和描述。受到许多地质地理研究者的追捧，也是绘制泥石流分布图的最好表达方式，所以，此种分类在泥石流学界有着极为广泛的市场和应用前景。

（1）水石流：这类泥石流由水和大小不等的沙粒、石块组成。在我国陕西华山一带分布最为典型，它主要发生在风化不严重的灰岩、火山岩、花岗岩等基岩山区。

（2）泥流：这类泥石流由黏性土为主，含少量沙粒、石块，黏度大，呈稠泥状组成，主要在第三、第四系广泛分布的地带发育，尤其是我国西北的广大黄土高原，因为那里缺少粗颗粒的岩石，所以发生的泥石流都是泥流或高含沙水流。

（3）泥石流：这类泥石流由大量黏性土和粒径不等的沙粒、石块组成，常见于我国广大山区，特别是西南山区。它的组成成分分界很宽，从最小的黏土（小于 0.005 毫米）到最大的漂石（大于 100 毫米）。跨越比较大，它有两种最常见的分类。

①按照颗粒特性将泥

石流的物质组成划分。

②按沉积地质学以 φ 值划分泥石流的物质组成。

## 按发展历史分类

事物的存在都是从无到有的，对现代泥石流的发育历史研究者认为，一次泥石流的活动周期，即对某一流域或一条沟而言，从第一次暴发到最后一次停止流动为止，这段时间被称为泥石流活动的一个周期，一般为 300~500 年。通过地质学家的研究发现，在地层中有很多沉积物和大漂石，这可以表明泥石流在地质历史上也曾有活动，因此，可以看出泥石流这一自然过程不仅存在于现代，而且也发生于古代。许多地质、沉积和冰川研究者根据泥石流活动周期在地质时期和人类活动时期存在的事实，把泥石流活动分为三大类：现代泥石流、老泥石流、古泥石流。

（1）现代泥石流：跟人类活动的关系密切相关，随着人类活动的出现而出现，到现在为止依然在继续活动的泥石流称为现代泥石流。

（2）老泥石流：进入人类活动以来曾出现过的，但是到了现在已经不再活动的泥石流称为老泥石流。

（3）古泥石流：在地质历史上曾经出现，现在仅在地质剖面和地貌形态保留着它残缺不全的痕迹的泥石流，称为古泥石流。

## 按发育阶段分类

一个泥石流的发育周期包括它的发生、发展和消亡过程，根据它的这种发育规律，可以分成幼年期、壮年期和老年期这三个阶段。

（1）幼年期泥石流：泥石流发育初期，上游侵蚀现象不是很明显，经过小规模的不良地质过程，沟道和沉积扇不明显，上面还有一些零星的泥石流堆积物。

（2）壮年期泥石流：泥石流发育的旺盛时期，上游侵蚀现象很明显，多种

不良地质开始发育，有明显的泥石流沉积物存在于沟道和冲积扇上，上面有很多水流过的道路，冲积扇上面没有灌木也没有树木，只有一些很少的杂草。

（3）老年期泥石流：上游侵蚀现象已经形成了分水岭，基岩露了出来，有杂草丛生于侵蚀沟两侧，沟道内阶地（台阶）发育，由于泥石流堆积物形成的下切已经形成得很好，形态明显，冲积扇扇面已经没有明显的泥石流堆积，而且生长了灌丛和树木，还有固定的沟道通过冲积扇，有明显的近期泥石流沉积物在冲积扇里面。

## 按发生频率分类

泥石流发生的频率跟防护工程的安全度和造价有关，所以许多工程技术人员在泥石流防治工程中经常采用泥石流发生频率分类原则。泥石流暴发的频率或间歇期有着比较大的变幅，频率高的一年能够发生十几次，频率低的十几年甚至几百年才发生一次，根据发生频率高低，将泥石流分为三种类型：高频、中频和低频。

（1）高频率泥石流：高频率泥石流是指一年发生几次，或者几年发生一次的。我国是世界上少见的发生高频率泥石流的几个国家之一，如甘肃的火烧沟、大盈江的浑水沟、云南东川的蒋家沟等。

（2）中频率泥石流：中频率泥石流是十几年或者几十年才发生一次的。这类泥石流主要发生在我国和日本。目前正在全力整治和预防这一类泥石流。

（3）低频率泥石流：低频率泥石流是上百年或者几百年才发生一次的。它多发生在山区大降雨的溪沟中。它是非常少见的，没有长期的堆积物和千年难逢的暴雨，一般是不会发生的。洪水带走了沟床中的细粒物质，经长期的作用，河床可以形成一层粗大块体相互嵌夹的结构，与此同时，大石块下面还有粗化层以下的混杂物，一般洪水不能将其搬运，只有强大有力的暴风雨才能够将它的保护层给运走，造成不可估计的损害。

## 按力源条件分类

很多研究者认为在陆地上形成的泥石流包括土力类泥石流和水力类泥石流两大类。

（1）土力类泥石流：这类泥石流主要是以土石体的滑动、错落、崩塌和坠落为动力，使泥石流沿较陡的坡面运动，其中土体运动不需水体提供动力，而是靠其自重沿坡面的剪切分力发生和维持运动，是由土石体转化而形成的。泥石流的固体物质径流量，有90%来源于上游形成区以重力侵蚀形式补给，而由降雨径流侵蚀补给的固体物质只有不到10%。

（2）水力类泥石流：水力类泥石流是泥石流的成因是特大洪水冲刷河床质而形成的。沿坡面运动，其中的土体在初始阶段是靠水体部分提供推移力而发生和维持运动。山区的沟谷和有常流水的溪流是此类泥石流的主要发育地。具有暴发频率低、间歇周期长的特点，特别是这类泥石流的流域缺少集中活动型滑坡、崩塌，水土流失较轻微，甚至植被良好，因此难于识别和预报，一旦暴发泥石流便可酿成灾难性损失。主要分布在日本、俄罗斯。中国西南山区稀性泥石流和上面提到的低频率泥石流也属此类，如四川省喜德东沟、雅安陆王沟、干溪沟及云南东川因民黑水沟，以及造成重大灾害的四川青川铁炉坪沟和金沙江支流美姑河泥石流。

## 按运动流态分类

（1）紊流型泥石流：紊流型泥石流一般分为固体和浆体。细颗粒和水组成浆体，粗颗粒则作为运输物质。这类泥石流的容重一般为1.5~1.8吨/立方米。

石块会随着浆体的移动不断地跳跃,这样的话整个流体就可以随着波浪翻滚,紊动明显,流面破碎。

(2)层流型泥石流:此类泥石流通常容重达1.9~2.3吨/立方米,流动中,除了漂浮的石头以外,其他的和浆体一起运动,只有浪头有紊动现象,后面的流动很平静,它们层面之间还会出现摩擦。线条受到摩擦之后,石头会稍微转动一下,流速通常在4米/秒左右。

(3)蠕流型泥石流:此类泥石流的容重在2.3吨/立方米以上,它们所有的组成物质都是以紧密镶嵌排列,粒间浆液黏滞力很大,它在流动的过程中,结构一般不会变形,无层间交换,但速度像蟒蛇蠕动,非常慢,其速度通常小于1米/秒。

## 按运动流型的分类

根据泥石流流动过程中的表现特征,将自然界的泥石流分成以下两类。

(1)连续型泥石流:这种泥石流从开始到结束就是一个连续的过程,中间不会有间断,并且只有一个高峰,可能有一定的波状起伏或不规则的阶梯,这种幅度比普通的洪水要明显很多,常见于稀性泥石流。

(2)阵流型泥石流:阵流型泥石流是泥石流运动过程中的一大特点。但是它具有一系列的特殊运动现象,人们到现在都没有揭开它的本来面目,成为现在泥石流理论探讨的核心话题。

我国的云南东川蒋家沟就是标准的阵流型泥石流运动。

一提到泥石流,人们就会想起它那波涛汹涌、声震山谷、泥石飞溅的场面。

对阵流的基本特点：两阵流之间有断流、泥深、流速、流量，在中间的过程中线是锯齿状，两齿间流量为零（阵与阵之间有泥深，但是没有速度，所以流量是零）。

为了能够更好地了解和研究对阵流，我们将对阵流分成了三部分：

① "龙头"的阵流头部。

② "龙身"的阵流中部。

③ "龙尾"的阵流尾部。

蒋家沟阵流型泥石流是泥石流固体物质输送的主要形式，也是由各种强大动力相互作用引起的，还有很多巨砾长距离搬运的载体，占整个流体的70%以上。所以，泥石流的对阵性流动受到许多泥石流研究者追捧，是他们研究的目标。

## 按地震发生前后的分类

地震引发的泥石流分为两类：第一类是由地震触发的泥石流，也叫做同发型泥石流。第二类是震后泥石流，也是后发型泥石流。

（1）地震触发的泥石流。例如，1976年7月28日，唐山暴发了7.9级强烈地震，由此引发了塘沽滨海平原上的天津碱厂约1000万立方米的弃渣堆积体发生了液化泥沙流。由于当地的地震烈度非常高，使体积约为200立方米的弃渣体发生了流动，其流经距离达300米，造成了巨大损失。1976年8月，松潘—平武地震，其中，出现了三次强震，由于当时是雨季，地处震区的松潘县小河区一带，有51条沟谷在地震同时或紧随地震

之后暴发了泥石流灾害。此外，在这个年代出现的其他强震，如龙陵地震、永善—大关地震，都在地震期间伴随有泥石流灾害发生。

（2）震后泥石流，也叫后发型泥石流。即强震会加强泥石流的活动及灾情，并扩大灾害，主要是在震后的1~2年产生影响，越往后影响越弱。例如，1970年1月5日，在这个干燥的季节，云南通海发生地震，曲江镇位于地震的震中，使得镇内山体开裂，出现了30多个崩滑体，公路交通中断6天，造成当年雨季泥石流频繁暴发。1973年2月6日，四川炉霍发生7.9级强震，在震区内，有两条构造地震裂缝带和大量地裂缝、137个崩滑体产生。地震发生在冰冻季节，但在震后县城附近的罗河溪、新都河等流域内，出现了大量崩滑土体和沟岸土石体，使泥石流活动增强。

# 泥石流的规律

## 泥石流的时间规律

我国泥石流的暴发主要是受连续降雨、暴雨，尤其是受特大暴雨集中降雨的激发。所以，泥石流发生的时间规律和集中降雨的时间是一样的，具有很明显的季节性。一般发生在多雨的夏秋季节。因集中降雨时间的差异而有所不同。

（1）四川、云南等西南地区的降雨多集中在6—9月。

（2）西南地区的泥石流多发生在6—9月。

（3）而西北地区降雨多集中在6月、7月、8月三个月。因为是7月、8月两个月降雨集中，暴雨强度大，因此西北地区的泥石流多发生在7月、8月两个月。根据不完全统计，发生在7月、8月的泥石流灾害占了全部泥石流灾害的90%以上。

## 泥石流的分布规律

（1）泥石流在我国集中分布在两个带上。一是青藏高原和次一级的高原与盆地之间的接触带；另一个是上述的高原、盆地与东部的低山丘陵或平原的过渡带。

（2）我国西部地区特别是西南诸省区，地壳活动强烈，地形险峻，结构复杂，土地治理破碎，西南降水量大、西北植被不好，因此崩、滑、流（崩塌、滑坡和泥石流）发育强烈，如云南、四川、贵州、陕西、青海、甘肃、宁夏等省区。

（3）目前，全国有15个崩、滑、流多发区，泥石流又集中分布在一些大断裂、深大断裂发育的河流沟谷两侧，它们是横断山区、汉江安康白河地区、川东大巴山地区、三峡地区、黄土高原地区、川北陕南地区、川滇交界地区、黔西六盘水地区、湘西地区、赣西北地区、川西北龙门山地区、金沙江中下游地区、赣东北上饶地区、北京北部怀柔密云地区、辽东岫岩凤城地区。

（4）泥石流的分布还与大气降水、冰雪融化的显著特征密切相关。即高频率的泥石流，主要分布在气候干湿季较明显、较温湿、局部暴雨强大、冰雪融化快的地区。如云南、四川、甘肃、西藏等，青藏高原东南部山地泥石流分布区以冰川泥石流为主，规模巨大，暴发频繁而猛烈；川滇山地泥石流分布区以降雨泥石流占优势，暴发较频繁；黄土高原泥石流分布区以暴雨激发而成的黄土泥流为主，其暴发频率、规模和破坏力不及上述泥石流；低频率的稀性泥石流主要分布在东北和南方地区，华北和东北山地泥石流分布区以暴雨或台风雨所引起的泥石流为特色，其暴发频率较低，但规模较大、来势迅猛。

## 中国小江流域泥石流分布区

小江是金沙江南岸支流，全长138.2千米，流域面积为3043.45平方千米，它从滇东北高原的鱼味后山发源，自南向北，经过寻甸县、东川市和会泽县境，最后流入金沙江。小江河谷在著名的小江深大断裂带上发育，这里构造复杂，老构造和新构造在这里交叉相错。独特的构造使它成为强烈的地震带，因为自然条件和人为原因使它成为我国最容易发生泥石流的地方。

根据成因的类型分类，小江流域的泥石流属于暴雨泥石流。在东川市附近不到90千米长的两边，足有107处灾害性的沟谷型泥石流，除了这些还有成群密布、难以计数的小规模坡面型泥石流。特别是到了雨季，泥石流受到暴雨的袭击，就会从山上冲下来，倾入小江，严重危害到当地的城镇、农田、水利设施、村寨、矿山、道路和江道整治工程等。现在泥石流的灾害已经严重影响到人们的生命财产安全和经济建设。并且，从泥石流里面冲出来的大量石块，因为小江的作用到达了金沙江，在两江汇合处形成了巨大的险滩，使金沙江水朝着对岸逼近，影响了金沙航道的开发和利用。

小江流域可以根据泥石流的活动特点、发育状况和对社会环境和自然环境产生的影响，将它划分成了四个泥石流活动区和一个非泥石流活动区。

1. 中山峡谷泥石流弱活动区

（1）功山至拖沓沟段的小江，从滇东北高原流下来，经过高原解体，形成山地峡谷地貌，区域内的海拔为2500～3000米。存在区域是小江上游西支旬沙以下的河段。

（2）地面植被保护良好，主要是次生林和草灌木。山体和沟谷里面有少量的小型滑坡形成。不过在那些人为活动密集和地形相差比较大的地段，已经有较大型的沟谷泥石流，这是人类活动对山地地表破坏造成的影响。

（3）与小江中下游河段相比，这里的泥石流相对较少，造成的危害相对比较小，主要是淤埋农田，使部分村寨的安全受到威胁。

这些属于泥石流的弱活动区。

## 2. 高山宽谷泥石流极强活动区

小江上游东支大白河段的拖沓沟至小海河，位处小江深大断裂的东西分支支撑着中间块体上游的河谷宽度，地应力集中，线性结构密集。因此，这里面有破碎的山体，有大型崩塌型滑坡存在。此河段由于地表风化剥蚀强烈，以及人类活动对山地环境的破坏，如陡坡垦殖、过度砍伐和放牧、筑路切坎坡、引水工程渗漏等，这样导致滑坡发生，为泥石流的形成起到了丰富的固体物质。坡面侵蚀和沟谷下切非常活跃，形成了成群密布的泥石流沟。在这一段的河流之内，由于泥石流暴发频繁，经常破坏当地的公路、铁路以及农田水利等设施。使之成为小江流域泥石流最活跃、最难整治的地段。因为有众多的大型沟谷泥石流流进小江，所以它的主道被迫左右移动，最后在群山之间来回飘荡形成宽坦游荡性的河床。两岸泥石流活动对河谷形态变化以及河床的纵横向变化起着主要的作用。最近几十年，很多泥石流堵塞了这一部分的小江河道，使江水断流，也使这里成为小江河床淤积上涨速度最快的河段之一。

小江上游的寻甸县金源区，同样也是一个泥石流运动强烈的区域，这里泥石流的形成主要也受到了小江断流的控制。几条大型沟谷泥石流一旦破山

而出，就会冲入河内，然后在河滩上面堆积巨石，将它变成一个乱石滩。为了避免泥石流的危害，附近村寨纷纷把家搬向别处，一部分人安身于山脚泥石流堆积扇两侧，还有一部分人则搬到了山上，但是也有一些人依旧住在泥石流活动的范围区域之内。泥石流堆积区的泥石流沟床如果高于村寨住宅，就会很危险。为了保证这些人的安全，需要专家的调查研究，找到一个安全可靠的方法，这样可以避免泥石流的发生。

3. 高山宽谷盆地泥石流强活动区

这一段主要是小江中游几条长、大支流，如块河、乌龙河、小清河、黄水箐等的入汇处，位于小海河至蒋家沟之间，有着宽谷盆地与两侧高山夹持结构的地形地貌，同时也是东川市新村盆地的所在地，该段两岸泥石流沟分布比较稀疏，大部分的泥石流分布在河的右岸，几条大型沟谷泥石流以牯牛岭为原点，呈放射状流进小江里面。特别是东川市后山的深沟、小海河、石羊沟、尼拉姑沟、田坝干沟等几条泥石流沟，就穿越了东川市区，以居高临下的姿态威胁着下方，里面有很多隐患。东川市北部的大桥河是著名的大型灾害性泥石流沟，经过综合治理，现在有很多泥石流灾害已经被控制住了。但是其他临近东川矿区的地域，比如赖石窝沟、菜园沟、黄水箐等具备泥石流形成的各种条件，如果不加强制止力度，采取适当的措施改善陡坡开垦、开矿弃渣和其他人为的有害活动，就容易形成人为的泥石流，政府应当予以重视。

蒋家沟的泥石流在国内外都臭名昭著，在历史的长河里面，曾经8次切断了小江流域，造成了很大的灾害。这里的泥石流频繁暴发、规模巨大、灾害严重，不仅直接危害蒋家沟流域及其下游江段，而

且波及上下十几千米，成为小江流域众多泥石流沟中最难整治的一条灾害性泥石流沟。

4. 高山深谷泥石流极强活动区

蒋家沟下面的小江和金沙江的混合处，位于小江的下游，此段是金沙江的下切，河谷呈深槽形下切，没有出现明显、连续的滑坡，但是它的河床和两侧的高地则形成了典型的高山深谷地貌。

由于受到小江断裂活动和新构造运动的影响，这里的岩体破碎严重，坍塌频发，造成滑坡遍地。两岸泥石流沟源头区，岩体崩塌时会产生轰鸣的响声，这里蕴含着丰富的固定物质。与蒋家沟以上河段相比，这里基岩裸露、山坡破碎、山体光秃、沟壑交错、谷坡与沟缘的崩塌错落现象随处可见，坡面侵蚀和沟谷侵蚀都非常强烈，是较典型的干热河谷区。汇入小江的泥石流大约有30多条，其中灾害严重、规模巨大的有太平村沟、幸福村沟、大坪子沟、尖山沟、达朵沟、牛坪子沟和豆腐沟等。小江主流线被巨大的堆积扇逼向一岸，下游左岸泥石流群紧紧并列，堆积扇首尾相连成片，延续区域达5000米。因为泥石流的作用，这里的风化非常严重，农田屡遭毁坏、河床淤积严重。由于洪水和泥石流灾害频繁发生，河谷区气候恶劣，村寨都迁移到山脚至山腰部位，大部分河滩地处于荒芜状态，现在，正在进行有计划的开发利用。

除此之外，我国最活跃、发育的泥石流分布地带还有：长沙江中下游及小江河谷、西藏波斗藏布江的波密—林芝一带、流经四川的泸沽至西昌间的安宁河谷、云南大盈江中游河谷、流经甘肃武都境内的白龙江两岸。它们都是受江河或支流强烈切割的高原和高山区的河谷地带。

5. 高原湖盆平坝非泥石流活动区

高原湖盆平坝为小江河流区，小江东支大白河功山以上河段及小江西支块河甸沙以上河段都包含

其内。这里是云贵高原的一部分，高原、平坝、湖盆、浅谷相互交错组合，区内山丘连绵，海拔达 2000~3000 米，平坝、湖盆星罗棋布，地面起伏和缓，林木繁茂、草灌丛生、农田草场毗连，坡面侵蚀与沟谷侵蚀作用轻微，有着优越的生态环境，协调的人类经济活动与自然环境关系，属非泥石流活动区。

## 泥石流在各省的分布状况

（1）贵州省泥石流主要分布在毕节地区。

（2）陕西省的凤县、略阳、宁强、镇巴等县均有泥石流分布。

（3）云南省泥石流主要分布在东川、永胜、祥云、宁蒗、水富、巧家、楚雄、鲁甸、昭通、盐津、永善、会泽等县市。

（4）西藏自治区的生达、江达、妥坝、贡觉、芒康、盐井等县均有泥石流分布。

（5）甘肃省的迭部、舟曲、宕昌、礼县、天水、武都、康县、文县、徽县、两当、西和、成县等县市均有泥石流分布。

（6）四川省除成都平原和盆地中部地区无泥石流外，川西山地、盆周山地和川东地区的县市均有泥石流分布，仅 1981 年夏季就有 50 个县千余条泥石流沟暴发了泥石流。

（7）湖北省泥石流主要分布在鄂西的秭归、巴东等县，云南全省有泥石流 85 处。

（8）湖南省有矿山泥石流分布。青海省仅在干流河谷深切地区有零星泥石流分布。

## 泥石流在各水系的分布状况

根据各种资料分析整理统计，长江上游及主要支流已查明的泥石流沟分布状况如下：

（1）雅砻江流域有泥石流沟603条，其中鲜水河流域148条，安宁河流域192条，雅砻江干流二滩至打罗两侧有164条。

（2）岷江流域有泥石流约1229条，其中大渡河流域676条，岷江上游及青衣江流域553条。

（3）小江流域107条。

（4）金沙江巴曲河口至奔子栏段分布有泥石流沟300余条，金沙江下游分布有泥石流沟约1450条（其中四川会理等7县438条，云南昭通地区300余条）。

（5）乌江流域有18条；龙川江中下游26条。

（6）嘉陵江流域有泥石流沟约3058条，其中白龙江流域约1520条，西汉水流域932条，嘉陵江干流及其他支流606条。

（7）长江三峡库区巴东至云阳段为泥石流危害严重段，整个库区干支流两岸有271条，其中支流172条，一共有约7000条。

## 泥石流在铁路沿线的分布状况

（1）成昆铁路沿线分布有泥石流沟511条。

（2）宝成铁路沿线（长江流域内）分布有泥石流沟159条。

（3）东川铁路支线有泥石流沟86条，贵昆线3条，阳安线126条，浙赣线1条，湘黔线4条，襄渝线66条。

（4）东川线泥石流沟分布密度最大，大白河至小江段长53千米，平均1.6条/千米。

## 冰川型泥石流的分布状况

冰川型泥石流分布在青藏高原和周围边缘的极高山、高山区，这类泥石流分布区的冰川类型主要为海洋性冰川，如贡嘎山（海拔7556米）东坡和北坡分布有8条冰川型泥石流沟。冰川型泥石流分布范围极小。

# 泥石流的分布特点

泥石流一方面受大的地貌、地质和气候控制，有一定的区域分布规律；另一方面，也受到一些其他外力因素的作用，出现区域性特点，具体体现如下。

1. 沿迎风坡密集分布

秦岭和燕山的泥石流分布很集中，横断山系地貌陡坎，这里是东南、西南季风的天然屏障，所以这里的泥石流比较集中。

2. 沿强烈地震带成群分布

深大断裂带是现代地震的多发区，这里的岩层都被破坏，有着丰富的松散堆积物，一旦遇到强烈的地震破坏，坡体就不稳，坠落的大量松散碎屑物质积聚在沟床内，使河水流动不顺畅，这样为泥石流的滑动准备了条件，比如，1950年8月15日，由于西藏察隅境内发生8.5级大地震，诱发了东南一带的泥石流频繁发生，并持续了约10年的时间。

3. 沿深大断裂带集中分布

深大断裂构造带不仅含有储量丰厚的松散碎屑物质，并且还为小流域沟谷的发育提供了有利的条件，使这些地段成为泥石流活动密集带。比如，四川安宁河谷断裂带、云南小江断裂带、西藏波斗藏布断裂带和甘肃白龙江断裂带等，都是泥石流活动频繁的地带。

4. 沿生态环境严重破坏地区分布

采矿、开荒、修路、筑路、伐木等种种不当的人为活动，不仅破坏了土壤的抗蚀层、地表植物，而且容易引发地下水位上升、排水不畅、斜坡地失稳、沟谷阻塞等危害，造成老泥石流复活或引发新的泥石流产生。比如，云南个旧尾矿坝溃决泥石流、海南铁矿排土场泥石流、四川冕宁盐井沟矿山泥石流都是这个原因造成的。

# 世界泥石流的特征

世界其他地区的泥石流分布也有一定的特征,介绍如下:

(1) 亚洲的山区面积比较大,占总面积的3/4,并且有丰富的松散碎屑物质,地表起伏很大,为泥石流的形成提供了巨大的能量,还有良好的能源转换环境,并且冰川地带很多,所以泥石流分布最密集。整个亚洲有30多个国家有泥石流,其中将近20个国家的泥石流分布是比较密集的,比如中国、日本、哈萨克斯坦、印度尼西亚、印度、尼泊尔、巴基斯坦、菲律宾、格鲁吉亚等。

(2) 平原是欧洲的主要地貌,丘陵、山地只占40%,仅有2%海拔不高于2000米的山地,这些地方主要集中在南部,因为坡度陡、海拔高,所以地震、火山频繁发生,它的冰雪储量大,所以有丰富的降水,泥石流分布广泛。欧洲20多个国家分布有泥石流,其中,有10余个国家的泥石流分布密集或较密集,如俄罗斯、意大利、法国、保加利亚、斯洛伐克、奥地利、罗马尼亚、瑞士等。

(3) 大洋洲,指的是大洋中由10000多个大小不同的岛屿组成的陆地,只有澳大利亚面积较大些,其余岛屿的面积都很小,泥石流活动强度也比较低。根据报道资料和泥石流形成条件分析,整个大洋洲有泥石流分布的国家和地区包括新西兰、夏威夷、澳大利亚、巴布亚新几内亚、印度尼西亚(大洋洲部分)等,其中,分布最密集的是新西兰。

(4) 南美洲西部属于科迪勒拉山的南段,它的坡度陡峭海拔高,所以地震、火山频繁发生,它的冰雪储量大,所以有丰富的降水和冰川融水,从而使泥石流分布广泛,造成很严重的危害,它的分布密度和活动强度仅逊于亚洲。南美洲各国都有泥石流,其中,比较密集的国家和地区是:阿根廷、委内瑞拉、哥伦比亚、秘鲁、圭亚那、玻利维亚、厄瓜多尔。

（5）北美洲西部为山地和高原，属于科迪勒拉山的北段。海拔较高，坡度陡峭，地震、火山活动频繁，有丰富的降水，泥石流分布广泛。整个北美洲有10多个国家分布有泥石流，其中，有七八个国家的泥石流分布密集或较密集，如美国、加拿大、墨西哥、危地马拉等。

（6）非洲是一个高原型大陆，在高原的沿海地带矗立着高大的山脉；在地应力的强烈作用下，世界上最大的裂谷在东非地区形成。在东非和中非，地震灾害频繁，火山活动活跃；赤道降水最多，沿南北两侧降水逐渐减少。因此，泥石流的频率也由赤道，特别是在沿海地带向南北两侧逐渐降低，但是，此洲泥石流整体活动强度较低，较正式的记载和报道也较少。从泥石流形成的具体条件我们可以分析得出，整个非洲有将近30个国家都分布着泥石流，其中，有近20个国家的泥石流分布密集或较密集，如加蓬、中非、喀麦隆、刚果（布）、刚果（金）、尼日利亚、马达加斯加等。

# 泥石流引起的次生灾害

发生泥石流以后，灾区的卫生条件差，特别是饮用水的卫生难以得到保障。

（1）肠道传染病，如痢疾、甲型肝炎、霍乱、伤寒等。

（2）人畜共患疾病和自然疫源性疾病也是洪涝期间极易发生的。

①鼠媒传染病：流行性出血热、钩端螺旋体病。

②寄生虫病：血吸虫病。

③虫媒传染病：流行性乙型脑炎、疟疾、登革热等。

（3）常见皮肤病：虫咬性皮炎、浸渍性皮炎（"烂脚丫""烂裤裆"）、尾蚴性皮炎。

（4）意外伤害有：外伤、毒虫咬蜇伤、毒蛇咬伤、溺水、触电、中暑、食物中毒、农药中毒等。

（5）泥石流携带的固体物质容易堵塞河道，堵坝致使上游形成堰塞状态，发生洪水灾害。

# 泥石流形成的必备条件

泥、沙、石块与水体组合在一起构成了泥石流，泥石流沿一定的沟床运（流）动的流动体，其形成具备以下三个条件。

## 水　体

水库溃决、冰雪融化、暴雨等是水体的主要来源。

## 固体碎屑物

固体碎屑物的主要来源：岩石表层剥落、古老泥石流的堆积物、滥伐山林、水土流失、开矿筑路、滑坡、山体崩塌等人类经济活动形成的碎屑物。

## 一定的斜坡地形和沟谷

发生泥石流的地形条件是自然界经过长年累月的地质构造运动形成的高度比较大、坡度陡的坡谷形。

通常有以下三种形式：

（1）在暴雨的浸润击打下，山坡坡面的上层土体就会渐渐失去稳定，沿着斜坡滑下来，然后跟水体混合在一起，于是，侵蚀下切，形成悬挂于陡坡上的坡面泥石流。当地居民经常称它为"水鼓""龙扒掌"。

（2）谷中上段的沟床物质受地表水浸润冲蚀，随着冲刷强度的不断增大，在那些比较薄弱的沟段，固体物就会松动、失去稳定，如果遭到猛烈地掀揭、铲刮，就会与水流搅拌形成泥石流。

（3）滑坡土体、沟源崩触发沟床物质活动也能引发泥石流。滑坡土体、沟源崩发生溃决，沟床里

面的固体碎屑物在受到强烈冲击的时候，就会跟着它一起运动起来，然后引起泥石流。

在泥石流发生的三个必备条件中，水是最重要的因素。它不仅对沟谷中形成的泥石流有着重要影响，而且也决定着"水鼓""龙扒掌"的形成。最常见情况是：泥石流的产生过程是以上两种情况的组合，它在山坡上面形成滑落，在沟谷下面形成冲蚀。从泥石流的发生过程来看，造成泥石流的自然原因是连续的暴雨，但乱砍滥伐森林，造成山体表面水土流失严重，则是造成泥石流灾难的人为原因了。

# 泥石流形成的基本条件

泥石流是地表物质迁移的一种自然过程，类似于风沙、冰川和水流。不过，不管是哪一种自然现象的出现，都会有它的基本条件和影响因素。

地质条件、水源条件和地形条件是泥石流形成的三个基本条件。它们对泥石流的形成有很重要的作用，缺少其中的一个都不能形成泥石流。但是，在过去对泥石流的预测和评估之中并没有准确地把握住泥石流的发生和发展趋势，大多数只是一般的地理描述，下面只做简单的定性和概念的分析。

## 地质条件

地质条件主要是通过松散的碎屑物表现出来的。在山区的一个小流域内，如果没有足够的碎屑物质，泥石流就不能形成。地质条件有内力地质作用和外力地质作用之分。内力地质作用包括新构造运动、火山活动及构造、地震、岩性等；外力地质作用则包括流水侵蚀、搬运堆积、各种重力地质作用、风化作用等。这些错综复杂、互相关联的地质条件组合决定了参与泥石流活动的松散碎屑物的类型特征与其数量的多少。

1. 岩石性质

岩石性质主要包括岩石的类型、厚薄、软硬程度和它的完整性等，它一般跟它的底层有很大的关联。中生界、古生界及元古宇，既有软弱岩石，也有坚硬岩石，其耐风化和抗侵蚀能力有着很大的差别。还有新生代岩石，结构松散，如第三系昔格达组、第四系黄土等，泥石流形成的原因跟原石的时代没有太大的关系，但是跟原石的性质有直接的关联。

岩石可以根据硬度分为硬质岩石和软质岩石。硬质岩石耐风化侵蚀，有紧密的结构。例如三大岩石中的岩浆岩全部都是硬质岩石。但是软质岩石的风化速度比较快，孔隙多，结构密实性比较差，因此容易形成风化壳。多数的沉积岩、变质岩及含煤地层，都是软质岩石。其中，沉积岩中的半成岩和松散层，它的发育程度、储存数量都与泥石流有着密切的关系，如川西南一带的昔格达组属半成岩，黄土、冰碛物、残坡积层和冲洪积层等第四系松散堆积层。

泥石流的物质基础是岩石，泥石流的形成规模、频率和性质与岩石的性质有着密切的关系。比如：陇南白龙江流域，当地的软质岩石分布广泛，该地段岩性由碧口群和白龙江群的变质岩系，如片岩、板岩、千枚岩构成，其上部覆盖了较厚的黄土。因此，此流域中下游泥石流分布密集，有泥石流1000余条，较大泥石流约490条，其中，以黏性泥石流为主。

还有云南小江流域出露岩石类型主要为碎屑岩（沙岩、页岩）和变质碎屑岩（板岩、千枚岩），本区的岩石类型还有灰岩、白云岩和玄武岩等。同样，这些地层也遭受了不同地质年代的构造变动，成为

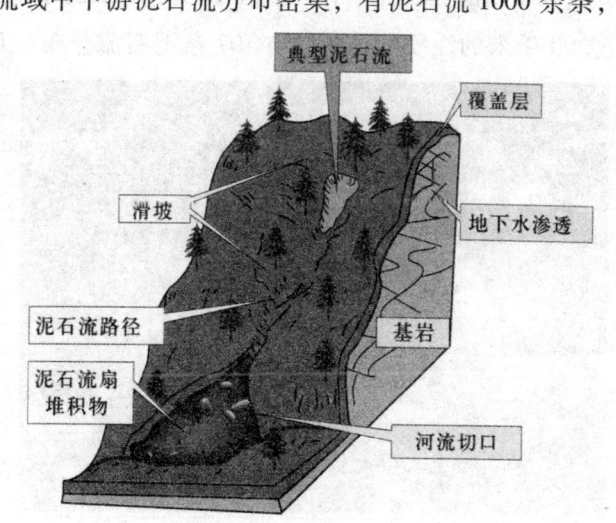

极为坚硬岩块和碎屑物。经历了多次构造运动，发育了许多褶皱断裂，因此，整体性差，不耐风化，吸水性和可塑性大，黏粒含量丰富。为小江泥石流的暴发提供了丰富的物质基础。

2. 地质构造、新构造运动及地震

地质构造类型有断层、褶皱、断裂等。断裂作用对泥石流的形成有直接关系。断裂在地表往往呈带状分布，在断裂带内软弱结构面发育，岩石破碎，断层和裂隙发育，生成断层压碎岩、糜棱岩、角砾岩等。这样就会加快风化的速度，形成带状的风化。因此，断裂带上面的风化壳深厚，滑坡、崩塌等重力侵蚀发育，松散碎屑物质也非常丰富。四川的西部、西南部的高原山地就有很多大规模的断裂，甚至延伸到云南省北部和中部，如安宁河断裂带、元谋—绿汁江断裂带、小江断裂带等，这些由许多次级断层组成的深大断裂带，断裂的宽度大、影响范围广，因为岩石受到了很多破坏，所以大多数出现了错落、滑坡的现象，形成分布密集的泥石流沟群。

我们重点讲述一下著名的小江深大断裂带。它起始于云南巧家县城附近，北段从巧家至蒙姑的金沙江东岸，南段沿金沙江和小江流域一直延伸到云南的宜良县境，拥有宽厚、松散的构造角砾层，断裂破碎带宽达1500～2000米，这样就促进沿岸的洪积扇、倒石堆、泥石流大范围的发育。仅巧家县城郊，就有8条大中型的泥石流沟存在；在中段东川市的小江干流上，从龙头山至小江口这90千米的江段上，两岸有107条泥石流分布，几乎1.2条/千米，此外，还

有很多大规模、高频率、存在严重危害的泥石流沟，如大白泥沟、老干沟、蒋家沟等。新构造运动的最主要特点就是垂直升降运动显著，而且一直延续至今。构造断裂带通过的地段相对高度大，地貌升降运动剧烈，有利于形成泥

石流。新构造运动活跃的山地，山口有发育的新老洪积扇，有的呈叠置状，有的呈串珠状，有深厚的松散洪积物、泥石流堆积物。老洪积扇一旦遇到了现代泥石流、山洪的侵蚀切割，就会形成沟蚀泥石流。例如，贵州省内泥石流等山地灾害分布最为集中的区域在珠江上游的北盘江。北盘江流经贵州省的盘县、普安、晴隆、关岭一带，是新构造运动中比较活跃的相对隆升区域。此处地表受河流的强烈切割，形成了中山峡谷，山岭海拔为1800~2300米，岭谷相对高度达700~1000米，是泥石流的活跃区。

安宁河断裂带也有明显的新构造运动，安宁河宽谷断陷谷地，海拔为1610~1328米，谷地内有巨厚的冲洪积物形成。安宁河东侧的螺髻山强烈上升，海拔达3000~4358米，形成了五六级阶地。有资料显示，在新构造运动中下陷最深的为安宁河礼州—黄联关段，有厚达1500米的新生代以来的冲洪积物。在安宁河东侧的山前地带，从泸沽到德昌间有30多条泥石流沟，如羲农河、西昌东河、西河、黑沙河等，就是在有着很厚的冲积物中发育的。

泥石流受到新构造运动的影响是渐变的、是间接的。但是，因为地震是突发的，强烈地震能够使斜坡的稳定性遭到破坏，造成土石体松动、山坡开裂，甚至引发山体滑坡，所以，地震就可以为泥石流的形成和发育提供大量松散碎屑物质和骤发性水源。在分布上，许多地质上的深大断裂带同时还是地震带，如鲜水河地震带、安宁地震带、小江地震带等。所以说，地震和泥石流在分布上有明显的直接关系，一般情况下，山区发生地震的区域也是泥石流的集中区域。

3. 风化作风

风化作用对岩石的破坏作用最大，最快的风化速度就是物理风化速度，它能够快速地将松散的碎屑物质积累，然后储存起来，这样就对泥石流的形成起到了特别大的作用。按风化程度，可将其分为：

(1) 微风化，风化系数为 0~0.2。

(2) 弱风化，风化系数为 0.2~0.4。

(3) 强风化，风化系数为 0.4~0.6。

(4) 全风化，风化系数 0.6~1.0。

这是表征山体松散碎屑物质储量的重要方面。

一般在风化作用特别旺盛的区域会形成强风化带，它的岩性主要是地处深大断裂破碎带上的区域或者是软质岩石。

风化作用的强弱还受气候带的影响。亚热带、暖温带半湿润半干旱气候区对风化作用最有利。受这种气候影响的地域辽阔，包括川西高原内的干暖河谷和干温河谷（大渡河中上游、雅砻江上游等），陇南白龙江流域、秦岭以及华北地区，云南和川西南干湿季分明的西南季风气候区。这里的气温日差悬殊、大陆性强、降雨变率大、气候干季长，地表森林植被稀疏，裸露的岩石土体面积大于，湿交替和热胀冷缩强烈，不仅增加了松散土石体的积聚过程，也加快了风化的速度。此外，西北、华北广大山区都覆盖有厚薄不等的黄土。这些地区因为有强烈的风化作用，所以泥石流非常活跃。

中高山区的寒冻风化作用有利于松散碎屑物质的聚集。因为川西南、川西和滇北的寒冻风化带上有许多泥石流沟的源头，寒冻风化的岩体、碎屑更是当地泥石流固体的主要来源，是泥石流物质的重要组成。例如，藏东南及川西贡嘎山的高山海洋性冰川发育区，冰蚀、冰碛和寒冻风化作用旺盛，冰碛物异常丰富。藏东南波密古乡冰碛物厚达 300 米，总储量 4 亿立方米，成为泥石流活动的物质来源。

云南大理市苍山十八溪上游，岩石主要为片麻岩，滑坡等重力侵蚀不发育，海拔 3000~4000 米处的寒冻风化碎屑形成的水石流的固体物质成为泥石流的主要供给来源。

4. 重力地质作用

重力地质作用包含高山区域的雪崩、冰崩和滑坡、剥落、崩塌、泻溜等。

滑坡发生的时候一般都是单个，土石补给量比较大。剥落和泻溜产生于山坡表层，补给量相对比较小，不过它在暴雨的诱导下是可以群发的。在滑坡多发区，平均每平方千米面积上滑坡体积达数千万立方米，是泥石流中大量山石

的来源。或一次性由滑坡崩塌转变成泥石流。根据调查研究，绝大多数的泥石流发生的中上游都会有滑坡和泥石流的发生，受岩性和构造控制，滑坡一般都分布在软质岩类、半成岩类及黄土出露的山区。比如，云南巧家白的泥石流松散土石体的主要来源就是泥沟中游的两个大型滑坡，两者活动时间都很长。清乾隆十八年（1753年）7月开始发生首场大型泥石流将县城冲毁，从此以后这个地方的滑坡、泥石流就没有断过，现在滑坡体积还有约500万立方米。1981年7月21日，四川奉节汪家沟连续降雨量大于或等于300毫米，致使黄泥坪上游发生暴雨滑坡，形成了大约60万立方米的泥石流，流经2000米后在沟口造成厚约5米的堆积扇，由于速度很快在很短的时间内阻断了朱衣河。

## 地形条件

1. 相对高度

因为相对高度决定势能的大小，相对高度越大，势能越大；相对高度越小。势能越小；泥石流形成的最主要原因是相对高度，相对高度决定了形成泥石流的动力条件是否充足。因此，高山、中山和低山区为泥石流的主要发生区，起伏较大的高原周边也有泥石流分布。

（1）海拔最高的阶梯是青藏高原，平均海拔4000米。

(2)第一阶梯和第二阶梯交接带上的横断山系,例如乌蒙山脉、大小凉山、龙门山脉、岷山、西秦岭、祁连山等。这些山脉平均相对高度2000~3000米,最大达5000米,对泥石流的形成最为有利,这些地方是泥石流的集中分布区,泥石流沟占全国总数的比例很大。

(3)中间阶梯为高原和盆地,海拔1000~2000米。

(4)第二阶梯和第三阶梯之间的燕山、太行山、大巴山、巫山、武陵山、雪峰山等,平均相对高度1000~1500米,泥石流沟的数量及活跃程度不及西部山区。

(5)最东部为平原和低山丘陵。针对我国东部低山区来说,泥石流沟谷相对高度一般都在300~500米,200米左右的都很少。例如,成都平原与川中丘陵间的龙泉山脉,为海拔600~1000米的低山,相对高度200~500米,有些沟的相对高度更小,因此,流域内的势能不足,加之岩性为松软的紫红色的沙泥岩,就算具备其他泥石流形成条件,也难以形成泥石流,根据统计,1981年7-9月,因特大暴雨共产生滑坡2150处,平均每千米就有15.4处滑坡生成,虽然没有泥石流灾害的发生,却是全省滑坡密度最高的地区。同时期,成都西北的龙门山区发生了多处泥石流。

(6)只有相对高度在300米以上的沟谷才有可能发生泥石流。川西、滇北、陇南等地的泥石流沟,岭谷相对高度通常为1000~2000米,发生泥石流的可能性就比较大。

(7)如川西甘洛县利子依达沟,其相对高度达2630米,发生泥石流时,带来的巨大能量可挟带直径达8米,体积300立方米,重量800吨的多块巨石,并一直挟带至沟口下游堆积。

2. 坡度与坡向

山坡坡度的陡缓和松散碎屑物的分布决定着形成泥石流的山地。各地的坡度资料统计表明:

(1)分布在我国西部高山、中山的泥石流沟,山坡坡度往往为28°~50°间,我国西部高山、中山的泥石流,山坡坡度相同,松散碎屑物处于极限平衡状态,一旦遇到暴雨激发,容易产生重力侵蚀。

(2) 东部低山坡度为 25°～45°。小于 45°的山坡，风化物质能够存留住，因此风化壳较厚，松散碎屑物非常丰富。25°～45°的斜坡，残坡积物内摩擦角大致与山坡坡度一致。25°～45°的斜坡发生滑坡的可能性最大，不稳定的山坡成为泥石流的主要物质来源。

(3) 大于或等于 45°的斜坡大多发生崩塌性滑坡。

(4) 平均坡度小于 25°的缓坡山地，山坡比较稳定，很少有重力侵蚀。

(5) 坡度小于 5°的缓坡，水土流失轻微。

泥石流的强度跟山坡的坡向也有一定的关系。受气候影响，在北半球的山坡中向南坡和向西坡（阳坡），泥石流发育的速度和暴发的强度都比北坡和向东坡（阴坡）大，这是因为阳坡岩石土体风化作用强度比阴坡剧烈，岩体易破碎，松散土石体较

厚，土体中的林草覆盖率和含水量比阴坡的低。另外从气候上来说，我国的东南低山丘陵，多受东南季风的控制，许多东北－西南走向和东西走向的山脉南坡、东南坡刚好跟地处南来的气流迎面冲上。例如太行山脉、辽东的千山山脉、华北的燕山山脉，这些地区容易出现暴雨天气。因此，泥石流总是出现在迎风坡面上，而背风坡面的泥石流沟少。

3. 流域形状和沟谷形态

流域形状对雨水和暴雨径流过程有明显的影响。最有利于泥石流汇集的形状是柳叶形、桃叶形、长条形、栎叶形、漏斗形等几种形状，这是由于径流和洪峰流量大小，直接关系着各种松散碎屑物质的起动是否参与泥石流活动，所以跟泥石流有着很密切的关系。

泥石流沟谷的发育跟普通沟谷大致一样。但是从沟谷的先后发育过程来看，

在横剖面上，有"V"形谷、"U"形谷和槽形谷之分；从沟谷的形成和发展来看，纵剖面上的结果是溯源侵蚀和流水下蚀作用的综合结果。但是泥石流沟谷的流域面积较小，侵蚀、搬运及丢的松散碎屑物数量大，溯源侵蚀快，因此泥石流沟谷的发育比普通的沟谷发育速度快，这也是泥石流沟谷和普通沟谷之间明显差异的地方。

表征沟谷形态的三个重要参数是泥石流沟的流域面积、沟长和沟床纵坡。清水汇流面积和堆积扇面积之和就是流域面积，面积的大小和沟床纵坡、沟谷形态密切相关，也跟泥石流的性质、规模产生影响。

流域面积小于 0.5 平方千米的多为山坡泥石流；流域面积大于或等于 50 平方千米，基本上为稀性泥石流或山洪。西藏、四川等地的大量泥石流沟，流域面积一般是 0.5~35 平方千米。四川攀西地区 1437 条泥石流统计结果表明：面积小于 0.4 平方千米的泥石流沟占 5.1%，面积大于 50 平方千米泥石流占 4.7%；流域面积 0.4~50 平方千米的泥石流沟占总数的 90.2%。

日本大多数泥石流的形态特征跟我国的冲沟泥石流或山坡泥石流相似，但是泥石流的流域面积比较小，一般情况下，为 0.2~10 平方千米，其中最多的是 0.2~0.4 平方千米。泥石流的能量及活动强弱可以由沟床纵坡的大小体现出来。

根据河床纵坡的大小，可以将泥石流分为冲沟泥石流、山坡泥石流、沟谷泥石流及非泥石流的清水溪沟。

沟床平均纵坡较小，一般在 5%~30% 时为沟谷泥石流。沟谷泥石流的流域面积比较大，中上游有支沟泥石流加入，下游的沟床比较开阔，沟床纵坡曲线上段较陡，下段较缓，呈上凹型，可容纳大量的泥石流堆积。

山坡泥石流和冲沟泥石流的河床的相差比较大，一般大于或等于 30%。这是因为它们无支沟汇入、流程短、沟型单一，并且沟床纵坡的曲线呈现直线型。

当沟床的纵坡变得比较缓慢，小于 5%，泥石流的活动减弱了，便过渡为非泥石流的清水溪沟。

## 降水条件

泥石流的形成还要有数量充足的水体（径流）。一方面只有当雨水、冰雪融水形成强大的径流后，才能产生强大的动力，推动泥石流的发生；另一方面水体是泥石流物质的组成部分，泥石流是固液两相流体，液相物质就是水。泥石流发生的水体来源最普遍的就是降雨，其次是降雪形成的冰雪融水。

1. 降雨

降雨型泥石流在我国广泛分布，占到我国泥石流的绝大多数，我国降水量的空间分布是自东南向西北递减。根据气候的干燥度分为湿润、半湿润、半干旱和干旱四个区域。根据降水量的多少可以将它们分为雨水、台风雨和暴雨三个类型。从水源条件分析，半湿润到半干旱的气候对泥石流的形成最为有利，例如川滇之间的西南季风控制区域冬春干旱期长、夏季降雨集中，多强度大的局地性暴雨，干湿季节明显，因而成为泥石流的多发区。

泥石流的形成和降雨也有很大的关系。一般情况下，相对于广大的湿润地区，半湿润、半干旱地区更容易发生泥石流。这是因为，在湿润气候区，如四川盆地、贵州以及江南低山（含浙闽湘赣及两广）周边一带低、中山，每年的降雨量小于或者等于1200毫米。它们的相对日差比较小，降雨充沛，并且经常发生暴雨、大暴雨。在东南沿海低山区有台风暴雨，而且地表的抗蚀条件（主要是森林植被）良好，上坡面的松散碎屑物也容易被频繁的暴雨带走，这样积累的速度就会很慢，不利于泥石流的形成。因此，这些地区的泥石流分布比较稀疏且发生的频率很低。就四川省而论，华蓥山、巫山、武陵山、龙门山、大巴山等泥石流区，因降雨条件和自然环境的不

同，跟半湿润的川西、川西南高原山地区泥石流也迥然不同。

在我国西北高山区，泥石流产生的重要原因还在于降水量的梯度变化。新疆西天山一带最大降水高度为2500～3000米，降水量500～800毫米，这一高度正好为泥石流沟的水源区。在西北干旱区、甘肃河西走廊两侧的山地、甘青两省间的祁连山、宁夏回族自治区贺兰山东麓、新疆的天山以及南疆喀什、疏勒等地都是泥石流的发生地。虽然它们的年降水量小于200毫米，河西走廊西部和南疆甚至小于50毫米，但是夏季降雨集中，有时发生短时高强度的降雨，甚至一次强降雨是全年降雨量的一半，但比较少遇。

形成泥石流的降雨条件相当复杂，除了前面我们提到的，还和雨区的范围大小有关系。根据雨区范围的大小，可以将它们分为两类，一类是雨区范围较大、时间较长的区域性暴雨，还有一类为雨区范围小、时间短的局地暴雨。如1981年7月13日川西北龙门山区暴雨、1982年7月26日到29日川东特大暴雨等，都属于多沟齐发的泥石流。此外，根据泥石流前期雨量和泥石流当日雨量的绝对值比较，可以将泥石流分为无前期降雨型湿润区、前期降雨不丰沛型和前期降雨丰沛型的泥石流。降雨历时长达2～3天，降雨量最大时则出现泥石流；许多半湿润干旱区的泥石流，降雨历时短暂；无前期降雨泥石流前期可能降雨，但是数量不多。

2. 冰川雪水

还有一些泥石流是以冰川、冰雪融水和冰湖溃决为水源的，它们多发生在青藏高原南部、东南部和西北部的高山区。

在海洋性冰川区，如果夏季天气持续高温晴朗，冰雪强烈消融的话就会突然暴发泥石流，西藏东南部的高山地带就是如此。当冰雪消融和暴雨共同激发时也会暴发泥石流。例如，波密县的培龙沟，在 1983－1986 年就曾经发生过特大泥石流灾害，多次冲毁川藏公路，并且堵断波斗藏布而形成了培龙湖。之所以如此，和培垄沟的源头——海洋性冰川是分不开的。冰川长 8.2 千米，宽 0.3 千米，厚约 50.0 米，水源相当丰富，并且在沟谷的两旁都有数米厚的古冰碛台地。在夏季的时候，冰雪遇高温融化，加上暴雨的共同激发从而发生了泥石流灾害。

由冰湖溃决造成的泥石流有工布江达县唐不朗沟、定结县吉来浦沟、樟木口岸境内次仁玛措等，产生于高山区的海洋性冰川地带，都是因为连续高温天气使冰雪强烈消融，冰川突然滑入冰碛湖中，增大了冰水压力，导致终碛堤溃决，形成泥石流。

# 泥石流的诱发因素

由于工农业的发展，人类对自然资源的开发程度和规模也在不断发展。当人类经济活动违反自然规律时，必然遭到大自然的报复。有些泥石流的发生，就是由于人类不合理的开发而造成的。近年来，因为人为因素诱发的泥石流数量正在不断增加。泥石流发生的主要原因有自然因素造成的，如降水、洪水、地震等，也有人类不

合理活动引发的，后者约占80%左右，可能诱发泥石流的人类经济活动主要有以下几个方面。

## 不合理开挖

为了修建铁路、公路、水渠以及其他工程建筑而进行不合理的挖掘活动。有些泥石流就是在修建公路、水渠、铁路以及其他建筑活动时，破坏了山坡表面而形成的。如云南省东川至昆明公路的老干沟，因修公路及水渠，使山体破坏，加之1966年犀牛山地震又形成崩塌、滑坡，致使泥石流更加严重。又如香港多年来修建了许多大型工程和地面建筑，几乎每个工程都要劈山填海或填方，才能获得合适的建筑场地。1972年一次暴雨，使正在施工的挖掘工程现场共120人死于滑坡泥石流。

## 不合理的弃土、弃渣、采石

这种行为形成的泥石流事例很多。如四川省冕宁县泸沽铁矿汉罗沟，因不合理堆放弃土、矿渣，1972年一场大雨引发了矿山泥石流，冲出松散固体物质约10万立方米，淤埋成昆铁路300米和喜（德）—西（昌）公路250米，中断行车，给交通运输带来严重损失。又如甘川公路西水附近，1973年冬，沿公路的沟内开采石料使1974年7月18日发生泥石流，使15座桥涵淤塞。2008年8月山西襄汾尾矿坝溃决形成泥石流，造成246人死亡。

## 滥伐乱垦

滥伐乱垦会使植被消失，山坡失去保护、土体疏松、冲沟发育，大大加重水土流失，进而使山坡的稳定性遭到破坏，崩塌、滑坡等不良地质现象发育，结果就很容易产生泥石流。例如，甘肃省白龙江中游现在是我国著名的泥石流多发区。而在1000多年前，那里竹树茂密、山清水秀。后因伐木烧炭、烧山开荒，森林被破坏，才造成泥石流泛滥。又如，甘川公路石坳子沟山上大耳头，原是森林区，因毁林开荒，1976年发生的泥石流毁坏了下游村庄、公路，造成人民生命财产的严重损失。当地群众说："山上开亩荒，山下冲个光。"

# 泥石流的危害

泥石流的特征决定了泥石流的危害方式主要有两种：冲刷和淤埋。它对人类的危害具体表现在如下。

## 对居民点的危害

泥石流是我们经常会遇见的自然灾害之一，发生的时候经常会冲进乡村、工厂、城镇，冲毁企、事业单位、房屋以及其他的设施。毁坏土地，淹没人畜，有时甚至会造成村毁人亡的灾难。比如，1969年8月，云南省大盈江流域弄璋

区南拱发生的泥石流，冲毁了新章金、老章金两村，致使97人丧生，造成的直接损失达百万元。

## 对水电、水利工程的危害

主要是冲毁引水渠道、水电站及过沟建筑物，淤埋水电站尾水渠，并磨蚀坝面、淤积水库等。

## 对矿山的危害

主要是摧毁矿山及其设施，伤害矿山人员、淤埋矿山坑道、造成矿山停产，甚至使矿山报废。我国西部山区的大部分矿山存在着不同程度的泥石流威胁或危害。经常发生淤埋矿区、毁坏矿井的现象，导致某些矿产开采比较困难，浪费或破坏了大量的矿产资源。比如贵州的六盘水煤矿、四川的攀枝花铁矿、云南的东川铜矿和新建的神府—东胜煤田，均有大量的泥石流活动，严重威胁或危害着矿产的开采和矿区的安全。

## 对铁路、公路的危害

泥石流可以直接埋没公路、铁路，车站，摧毁桥涵、路基等设施，使交通中断，甚至还可以使正在行驶的汽车或者火车颠覆，造成重大的人员伤亡和财产损失。有时泥石流汇入河道，引起河道大幅度变迁，间接毁坏铁路公路及其他构筑物，迫使道路改线甚至造成更大的经济损失。新中国成立以来，泥石流给我国的公路和铁路造成了不可估量的损失。

## 泥石流对农田的危害

泥石流的活动导致泥石流中上流的土地遭到严重破坏，沃土变成了贫瘠的土地，耕地不能种植。泥石流是造成土地侵蚀荒漠化的主要原因之一，下游和土地（包括耕地）遭到泥石流淤埋，就会形成沙砾滩。

## 泥石流对江河的危害

黄河、长江日益突出的江河泥沙灾害与泥石流活动密切相关。长江三峡以上的泥沙，特别是大、粗颗粒的泥沙，主要来源就是流域内的 6800 条泥石流沟，无论是岷江、金沙江还是嘉陵江，其中很大一部分都是来自泥石流的互动区，这些江河经过泥石流活动区后，含沙量通常急剧增加。而黄土高原的陕北、陇西、陇东和晋西这四个泥石流的活动区就是黄河泥沙的主要来源。因此近年来，日益明显的"小水大灾"在珠江、长江、淮河均有发生。虽然洪峰的流量相对比较小，但是它的水位非常高，这样洪水的灾害就会很大。导致这种情况的原因有很多，但主要原因是江道淤积。另外一种情况就是"枯水流量锐减，甚至断流"。近几年来，黄河经常会出现这样的情况，特别是西部山区的许多中小型河流，这种现象也比较明显。这里面有很多原因，主要是因为河床淤积变宽，流域生态环境恶化造成的。因此，泥石流的危害，就是它的堆积物流进江河，然后伸展到平原地区，影响到平原的可持续发展。

## 泥石流对环境的影响

泥石流对山区的农田、村寨、城镇、交通、工矿等造成严重危害，不仅直接影响到人类的生存和环境，而且还影响到淡水、土地、森林和矿产等资源的保护和利用。同时，泥石流把大量泥沙输入江河，加剧了江河的泥沙灾害，并且将泥石流的灾害衍生到了平原。因此对于泥石流的危害，不仅需要调查和研究直接受害者，而且还需要研究对环境造成的消极影响，这样才够全面。越是泥石流灾害严重的地区，这里的生态环境、自然环境、地质环境也越恶劣。例如，云南的小江流域，在 200～300 年以前，这里是森林葱郁、山清水秀的好地方，但是人类无节制的开矿、伐薪炼铜、开垦荒地严重破坏了当地的环境，再

加上松动薄弱的地质岩性条件，泥石流开始发生，发展到现在已经成了我国甚至是世界上生态环境、自然环境、地质环境最恶劣的地区。

# 产生泥石流的外部因素

泥石流形成所具备的三大条件是一个长期较稳定的地质作用过程，是泥石流发生的内因。但是，受当地周围环境（自然环境、生态环境和地质环境）和人类经济活动的影响，泥石流产生的规模、次数、活跃程度也会不同，这是泥石流产生的外因。以下将具体讨论形成泥石流的三个主要影响因素。

## 地理环境因素

因为周围环境的不同，虽然条件一样，但是泥石流发生的频率和规模不一样。自然环境、地质环境和生态环境的好坏是泥石流形成的环境要素，但要做到定量分析这些因素就变得很复杂了，因此我们一般通过评价当地环境的优劣，如不良地质现象、森林覆盖情况、水土流失状况来区分环境的差异。

森林植被是陆地生态系统的主体，它生产的生物量达 100～400 吨/公顷，为农田或草本植物的 20～100 倍。森林、植被、森林土壤能够形成稳定而且复杂的生态系统，与环境相互影响，相互作用，产生包含对泥石流形成、活动和灾害规模造成的影响等多方面的效应。森林植被对泥石流的影响有正负两方面的效应：一方面是茂密而多层的森林植被促进生态环境向良性转化，从而逐渐削弱泥石流活动，对预防、降低泥

石流灾害发挥着重要作用；另一方面是森林破坏致使生态环境恶化，从而加剧泥石流活动，加重泥石流灾害程度。总的看来，森林植被不属于泥石流形成的基本条件，而是重要的影响因素。

首先是森林植被类型的影响，其中以亚热带、热带常绿阔叶林的防护作用最强，针叶林、次生针阔叶林、幼林、疏林等作用效应次之，再就是森林覆盖面积越大，越均匀，它保持水土、防止侵蚀的作用就越强。根据研究测试，森林覆盖率对山坡泥石流有很强的抑制和消减作用。当森林覆盖率大于或等于60%时，能够明显防止片蚀沟蚀。森林覆盖率小于30%时，则对暴雨洪水削减作用不大。据日本试验显示：森林区自然侵蚀量 10～100 立方米，泥石流冲出的泥沙是 1 万～10 万立方米，相当于森林区 1000 亩的侵蚀量，且无论汇水面积大小，此值几乎是稳定的。

由于学术界对森林水文效应的认识还存在着不同的观点，因此，对森林植被影响泥石流程度的评价应适当。

一方面森林虽可削减泥石流形成的水体补给量，但其作用也是相对的，当暴雨量特别大或持续时间比较长时，即使在中上游森林茂密的情况下，以暴雨、

山洪为动力的沟蚀泥石流仍然会发生。这是由于当暴雨量特别大或持续时间较长时,森林及林下土壤持水入渗能力达到饱和,暴雨会全部转为山坡径流,并汇成强劲的沟谷径流,森林就起不到削减山洪的作用。四川利子依达沟上中游森林植被茂密,全流域覆盖率达81.1%,其中阔叶疏林覆盖面积占全流域面积的66.8%,次生密林达14.3%,部分地段树丛密集,连通行都很困难。但在1981年7月9日一场强暴雨引起山洪冲蚀沟床,形成一次特大型泥石流,造成沟岸大量坍塌,沟床被揭。由此可知,优良的生态环境只能减轻灾害,却不能消除隐患,这就是环境因素的作用。另一方面森林对保持水土、治理大面积水土流失(含治理山坡泥石流)的功效有目共睹,能起到稳定山坡土层,防止侵蚀的作用。不过它在防止重力侵蚀、稳定滑坡和坍塌的方面效果不佳,特别是当中厚层滑坡的深度在3米以下时,森林起不到稳坡作用。所以森林不能阻止滑坡和坍塌向泥石流沟提供松散碎屑物质。

## 人为因素

人为活动对泥石流的形成、发展和暴发有积极的一面也有消极的一面。

积极方面体现在对泥石流的预防与治理上,现在所说的都是消极的一面。人们为了经济的发展,随意兴修水利、森林乱砍伐、陡坡开荒、开矿、筑路、采石都会对泥石流产生影响,并且随着人口增长,人与土地矛盾突出,这种人为活动的影响越来越深刻地改变着泥石流的发展，呈现不断增强的趋势。例如，四川攀枝花市、泸沽铁矿、江西德兴铜矿、永平铜矿、云南东川矿务局、易门铜矿、个旧锡矿、贵州六盘水市等工矿区域先后暴发过矿山泥石流。据铁路部门统计，全国铁路沿线由于人类不合理开发活动造成的泥石流灾害占1/3。成昆铁路65%因泥石流中断而造成的行车事故中，都是因为不合理的人为活动。外部原因的影响和人为的原因，加速了泥石流的进程，造成了泥石流的发生，导致生态环境恶化，加剧了泥石流的活动。

云南小江流域就是一个很好的例子。在东晋时常璩著的《东川府志》和《华阳国志》中记载，东川出银、铅、铜，自然环境优越，小江两岸，森林茂密，人迹罕至，气候湿热有瘴气。在东川采铜矿是从唐朝开始的，到清乾隆达到了全盛时期。历代的"政铜""商铜"掠夺式的开采，然后烧炭炼铜。当时技术低下，每炼铜50千克需炭500千克，最高年产800多万千克铜，每年需用炭8000千克，根据记载推算，每年需要砍伐的森林大约是10平方千米，在离我们现在1000多年的时间里，为了炼铜，砍伐了多少树木已不得而知。到了现在，这里的森林已被砍伐殆尽，变成了一片荒山秃岭。据1983—1984年实地调查，这里是我国泥石流危害最严重的地区，这里的森林面积只有8.88%，这跟泥石流的发生有重要的关系。

## 水土流失的因素

所谓植物群落，是指一定地段的植物的总体。森林、草丛、灌丛、玉米地、果园等就属于植被的范畴，而一棵树木、一株草或者一棵玉米等只能属于植物的概念。覆盖地表的植物群落总称植被。如果森林死亡，死的不仅仅是树木，而是一个生态系统。根据世界自然保护基金会统计，全球的森林正以每年2%的速度消失，20世纪90年代以来，每年有13万~15万平方千米的热带雨林变成荒地，非洲的热带雨林剩下的没有原来的1/3，如果按照这样的速度消失，我们在50年之后就看不到天然森林了。

森林是陆地生态的主体，各种林产品都有着广泛的经济用途，森林在保持

水土、减少洪涝、调节气候、维持全球生态平衡等自然灾害方面，有着极其重要的作用。森林对保护生态环境也起着重要的作用。但是从全球的变化趋势来看，森林破坏仍然是许多发展中国家面临的严重问题，因此导致的一系列环境恶果应该引起人们的高度关注。

自然界中的一切动物都要靠氧气来维持生命，森林就是天然制造氧气的机器。甚至可以说森林就是陆地的摇篮。如果没有森林等绿色植物制造氧气，生物生存将失去保障。

森林可以分泌杀菌素，杀死空气中的细菌，能够阻滞酸雨、降尘，可衰减噪声，还净化大气，所以森林又是消灭环境污染的万能净化器。森林能保护农田，增加有机质，改良土壤；能促进水循环，调节气候，延缓干旱和沙漠化发展；森林能使二氧化碳转化为生物能量，因此森林是自然界物质能量转换的加工厂和维护生态平衡的重要原动力。森林具有美化环境、保护环境及生态旅游等功能。

森林是陆地上最大、最理想的物种基因库。它保存着世界上珍稀的野生动植物，为人类提供大量林木资源，是世界上最富有的生物区，繁育着多种多样的生物物种。

# 地质历史时期的泥石流活动

泥石流的发生、发展、衰老甚至消失，都受一系列的自然原因和人为原因的影响和制约。它的兴衰与漫长的地质历史相比，是十分短暂的。人们对近期泥石流活动历史经过长时间的研究表明：一次泥石流的活动周期，即一个沟或者区域从泥石流的首次开始到泥石流的再次暴发，是300～500年。就全世界而言，几乎在不同纬度带的山区，都有泥石流发育。人们通过对近期泥石流的形成过程和对地表塑造作用的研究得到启示，探索地质历史时期和人类历史时期泥石流发生、发展以及与当时地理环境的关系，意义重大。

我国，对于古泥石流有两种不同的观点。一部分人认为，某些山区的混杂沉积只是冰川活动的证据；也有一部分人认为，它就是古泥石流的沉积物，是泥石流活动的佐证。对于这个话题的研究，我国才刚刚开始，在世界范围内也

滑坡、泥石流防范与自救

不深入。

过去,对古泥石流的研究工作几乎没有涉及,仅注重于现代泥石流的研究。因为冰碛物和洪积物与泥石流堆积物质的剖面结构和物质组成非常相似,在很多的情况下,泥石流跟洪水或者冰水是一起出现的,所以对古泥石流遗迹与古泥石流形成的地理环境的鉴别带来很大困难。因此,现代泥石流的研究对古代泥石流的研究鉴定有一定的局限性,没有很好的把握。不少地质、地理学家把古冰碛物认做古泥石流堆积物,作为冰川堆积的证据。文献史册将那些散落在山麓地带的"漂砾"和"泥砾"作为古冰川的典型堆积物载入。

古泥石流是指在人类社会历史上曾经发生过但早已停止了活动。但是我们依旧可以在某些不是泥石流沟谷的山区里面可以看到残缺的混杂沉积结构台阶。新中国成立以来,我国泥石流工作者通过对广大山区的实地考察得知,散布于山麓地带的巨大"泥砾"或"漂砾",大都跟泥石流的作用有关。通过近几十年来泥石流痕迹的实地调查以及在四川黑沙河、西藏古乡沟、甘肃火烧沟、云南蒋家沟等十几个定位观测站对现代泥石流的观测表明,泥石流的侵蚀即搬运的过程非常的快,一般只需要几分钟甚至几个小时就可以完成一次泥石流从突然暴发到停息活动的过程,时间虽然短,但是却可以将山外达几十万、几百万立方米的泥沙、石块和巨砾搬移。黏稠的泥石流体包裹着大大小小的石块向山外倾泄,做整体等速运动,具有层流运动的特点。停止的时候,就好像是已经搅拌好的混凝土,没有一点水流出来,依旧保持原来流动时候的样子,这就是典型的"泥砾"堆积;而泥石流搬移的巨大"漂砾",也散布在山麓地带。现代泥石流的堆积和活动的过程,开拓了人们的眼界,使人们知道,在自然界不仅仅是冰川可以搬运"漂砾",泥石流也可以。泥石流搬出的"漂砾"往往成堆、成群地聚集在一起,堆积位置均在远离现代冰碛区的山外低平地带。在现代冰碛物、洪积物、冰水沉积物以及稀性泥石流堆积物中似乎不多见"泥砾"堆积,而在黏性泥石流堆积物中则常有发现。云南省的小江流域,有明显的古泥石流活动,是中国现代和古代泥石流活动最发育地区。

小江河谷两岸,泥石流沟密布,古泥石流遗迹到处可见,现代泥石流层出不穷,为人们提供了研究该地区泥石流的形成演化历史、预测今后发展趋势的有利条件。所以很多著名冰川环境学者对这个地区做了专门的考察、调查、测量、样品分析，对古泥石流的分期以及泥石流活动和地质历史时期的沉积物特征做了专门的论述。

# 泥石流和山体滑坡的区别

泥石流和山体滑坡的相同之处：它们运动的能量都是因为重力。

泥石流和滑坡的不同之处：

滑坡可以是土和水的混合体运动，例如暴雨引起的山体滑坡，也可以是单独的土体运动，也就是说，山体滑坡不一定有水的参与。例如地震引起的山体滑坡。泥石流是沿着沟床或坡面流动的，在流体、沟床或坡面之间存在着泥浆滑动面，但山体中不存在破裂面。泥石流则必须有水的参与，必须是由土体和水混合的运动过程。

泥石流是山区沟谷中，由暴雨、雪融水等水源激发的，含有大量的泥

沙、石块的特殊洪流。它的主要特征是：往往突然暴发，浑浊的流体沿着陡峻的山沟前推后拥，声音巨大，咆哮而下，地面都会震动，山谷就像是有雷在响，石块冲出沟外，在宽阔的堆积区横冲直撞、漫流堆积，往往给人类的财产和生命带来危险。

滑坡是指斜坡上的土体或者岩体，受河流冲刷、地下水活动、地震及人工切坡等因素影响，在重力的作用下，沿着某一个软弱面或者软弱带整体滑行或者向下滑行的自然现象。俗称"走山""垮山""地滑""土溜"等。滑坡是沿着斜坡山体运动的滑移现象。滑坡是某一滑移面上剪应力超过了该面的抗剪强度所致。

泥石流和滑坡也有相同的地方，它们运动的能量都是重力。

# 泥石流的预防和救助

滑坡、泥石流防范与自救

# 泥石流的预防机构

## 泥石流应急预案管理

应急预案成立之后必须对它进行有效的管理。首先要对编制的预案进行评审并按正式文件予以签署发布，同时对这些相关人员进行培训和演练，随时准备好对预案的维护和更新。为确保预案的科学性、合理性以及与实际情况的符合性，预案的制定应该按照我国的应急的方针、规章、标准、政策、法律和其他应急预案编制的指南性文件与评审检查表，组织预案的评审工作，获得上级主管部门和政府有关部门以及应急机构的认可。应急救援有关法律法规是开展应急救援的重要前提保障，根据相关的法律规范文件，企业最高行政长官签署发布通过的急救救援预案，应报送上级主管部门、当地政府有关部门和应急机构备案。

预案编制好之后，应该对相关的人员做培训，使他们知道应急资源和责任的划分，掌握标准操作程序等。演练是检测应急管理工作的最好度量标准。通过演练，可以知道紧急预案的缺陷和不足，评估企业重大事故应急能力，进一步识别资源需求和明确相关机构、组织和人员

的职责，提高各个不同机构、组织人员之间的协调关系，检查应急人员对预案的了解程度和实际操作技能。同时，也能促进公众、媒体对应急预案的理解和支持。

## 泥石流灾害的应急响应

泥石流灾害的应急响应主要措施包括分级响应程序、信息共享与处理、通信、紧急处理社会参与、指挥和协调、应急人员与群众安全防护、事件调查分析、检测与后果评估、新闻报道、应急结束等，通过这些措施可以快速有效地阻止突发事件的发生并且防止蔓延。针对不同的泥石流灾害，我们应该有不同的泥石流灾害报警系统，根据它的灾害等级，进行不同的应急行动措施。

（1）应急响应是应急预案中的核心内容。这部分工作主要是在急救过程中明确各人员的主要任务和功能，其中包括人员疏散与安置、通告与通信联络、应急抢险、应急结束与现场恢复等。同时，还应包括完成这些功能的责任部门和相关部门的职责分配及其在应急响应过程的标准操作程序。如果有可能的话，各个应急的功能和措施可以用一个附件的形式将详细的标准操作程序加以说明。

（2）通告与通信联络功能主要包括接警与通知、警报与紧急公告、应急通信和媒体信息沟通与公共关系。

（3）接警与通知是应急响应程序的第一步，这就需要准确地了解事故发生的性质、原因、事件、地点以及伤亡的初步情况，并且需要在第一时间内将这些通知给相关人员。当泥石流灾害预警发布时，应及时启动警报系统，向相应的政府和公众发出通报，同时让公众也了解灾害的性质和保护措施。

（4）定期维护通信设备、通信系统和通信联络电话，在应急救援时建立应急总指挥中心、上级政府之间的通信、各应急部门、现场应急指挥中心、外部应急机构，保证各方的通信网络畅通。媒体信息沟通与公共关系功能负责公众和新闻媒体的沟通，向公众和社会提供准确的事故信息、伤亡情况以及应采取的具体措施。

（5）应急抢险在灾害应急救援中对控制事态的发展起着决定性的作用，主

要是针对在灾害性质发生之后，采取的抢险、补救的对策和方法，方便抢救受害人员、转移重要物资和控制事态发展。

（6）应急抢险主要包括指挥与控制、事态监测与评估、应急人员安全、现场医疗救助、现场警戒保卫等。如果发生灾害的周围有人的生命受到危险时，应该将这些人转移到安全的地方，主要包括疏散区域确定、疏散通知方法、疏散位置和疏散路线等。将这些需要安置的人妥善照顾，为他们准备安全的临时住所，还需要保证他们的基本生活需求，主要包括安置场所和人员的服务等。

（7）当灾害现场被控制、灾害被基本消除时，宣布应急响应结束。应急响应结束之后，就应该进入恢复的阶段。现场恢复是指将现场恢复到相对稳定、安全的基本状态。大量的经验教训说明，在现场的恢复过程中，依旧有很大的危险存在，因此在现场恢复的时候，要按照制定的现场恢复的标准操作程序进行，防止灾害再次发生。

# 泥石流发生的前兆

（1）河床里面正常水位的水突然加大或者是断流，水里面有很多的泥草和树木，这样就可以知道河床上游已经形成了泥石流。

（2）听到来自深谷或沟内的类似火车轰鸣声或闷雷式的声音时，千万要注意，即使是很微弱的声音，你也可以断定是上游的泥石流已经形成，若沟谷深处变得昏暗，伴随着轰鸣声且有轻微的震动感，则说明在沟谷的上游已经发生了泥石流，应该马上离开危险地带。

（3）坡体前部存在临空空间或有崩塌物、坡体上有明显的裂缝、坡度较陡或坡体成孤立山嘴或为凹形陡坡，这些迹象都可以表明这里曾经发生过滑坡或崩塌，以后可能再次发生。

# 泥石流发生时的现场状况

与洪水等比起来，泥石流因为包含着水和沙石混合物，还有固体粉碎物，所以发生的时候往往有一些特殊的现象。

1. 巨大的轰鸣声与短暂的断流现象

很多泥石流刚刚暴发的时候，常常从沟里面传出像是火车出发的声音或者是打雷的声音，地面也会有轻微的震动，有时候在响声之前，原在沟槽中流动的水体突然出现断流的现象。泥石流伴随着响声的增大，似狼烟扑滚而来。

2. 强劲的冲刷、刨刮与侧蚀

在沟谷的中上游会有泥石流产生强烈的铲刮冲刷、沟道底床的作用，这样使沟床基底裸露，岸坡垮塌。另外，在中下游的地段会对河岸阶地具有侧蚀淘刷作用，破坏岸边沿线的农田、建筑物、道路交通和水利工程。

3. 弯道超高与遇障爬高

泥石流在运动的过程中进攻性很强，它不会顺着沟谷流走，在转弯的时候或者遇到障碍物的时候，泥石流总是直接冲撞河岸凹侧或阻碍物。由于受到了阻力，所以泥石流被迫抛向了天空，有的甚至高达十几米，有时泥石流龙头可越过障碍物，越岸摧毁各种目标。比如，在1991年6月10日北京密云县杨树沟泥石流就是在转弯处的时候以20余米的冲击高度飞越过了阻挡它前进的小土堆，将小土堆另一边的房屋给摧毁了。

4. 巨大的撞击、磨蚀现象

运动的泥石流的速度很快，动能特别大。根据研究表明，砾径1米的大石块以5米/秒的速度运动时，可达140吨的冲击力。一些大的工程就是因为泥石流中的泥沙不停地磨蚀表面，使工程丧失了本来作用而报废。

#### 5. 严重的淤埋、堵塞现象

在沟内及沟口的宽缓地带，随着坡形的坡度减小，泥石流的速度会突然降下来，大量的泥沙石块就会堆积下来，这样就会阻塞一些目标，如道路、水库、河道、农田、建筑物等。一些比较大的泥石流的冲出物质形成"小水库"后，容易使上流的水分抬高，当这种堤坝决堤的时候，又会对下游造成再次危害。例如，我国四川利子依达沟泥石流冲出山口，将桥毁了之后又在几分钟之内将大渡河拦腰截住，断流达 4 小时之久，向上游回水 5 千米，淹没工矿设施等。

#### 6. 阵流现象

断流现象主要发生在黏性泥石流中。泥石流从发生到结束，沿途多次出现泥石流洪峰（泥石流龙头），每次出现的时间长短不一样。

# 泥石流发生时的躲藏地点

（1）找到一个远离山的地方，选择地势相对比较高、平的地方。上方不要有滚石、滚木，不要在发生过泥石流的地方建立营地，下雨打雷的时候不要在山顶或者空旷的地方安扎，防止遭到雷击。

（2）爬山的时候，一定要注意安全，天气不好的话最好不要上山。如果遇到了下雨，一定要赶紧下山。

（3）山上植被好的地方不容易发生泥石流。

（4）不要一个人去爬山，如果遇到了泥石流，一定要躲开水道，尽量往高处爬，找到比较近的平台，也可以去山体的后面躲避。

（5）避难时选择在河谷两岸的山坡高处，不要选择那些土质松软的地带。泥石流的流径一般不会太宽，如果确定河床两岸的土质比较牢固的话，可以在河床两岸的高处地段选择避难。

# 发生泥石流时应采取的方法

## 生活区遇到泥石流

（1）如果在生活区遇到泥石流的时候，要马上向与泥石流成垂直方向的两边山坡上爬，爬得越高越好，跑得越快越好，绝对不能往泥石流的下游走。

（2）当处于非泥石流区时，立刻告诉泥石流可能涉及的村、乡、镇、县或工矿企业单位，提醒他们密切关注泥石流的发展变化和趋势。

（3）有关部门应立即组织政府、单位（村、乡、镇）、专家及当地群众参加抢险救灾活动，制订并且实施管理泥石流沟或者是下游沟谷的办法。比如，组织危险区群众迅速撤离或酌情限制车辆和行人通行等。

（4）选择避难场所的时候要选择平整的高地作为营地，尽可能避开有滚石和大量堆积物的山坡下面，不要在山谷和河沟底部扎营。

（5）密切关注该泥石流灾害可能引发某种生命线工程（如发电厂、通信设施、渠道、水库、铁路、公路等）的次生灾害甚至第三次灾害。例如中断交通、爆炸、房屋倒塌、火灾、洪水等。

（6）建立观测站（网）进行长期动态监测，随时掌

147

握灾情的发展变化，做出判断。特别要注意泥石流具有阵发性、间歇性等特点。

## 山区旅游遇到泥石流

如果在山区旅游时，遇到了泥石流，一定不要惊慌失措，要采取下面的措施避难：

（1）应立即逃逸，选择最短最安全的路线向沟谷的两侧或者高地上跑，千万不能顺着泥石流的方向跑。

（2）不要停留在坡度大，土层厚的凹处。

（3）不要上树躲避，因泥石流可扫除沿途一切障碍。

（4）避开河（沟）道弯曲的凹岸或地方狭小高度又低的凸岸。

（5）不要躲在陡峻的山体下，因为这些地方可能会有坡面泥石流或崩塌的灾害发生。

（6）白天降雨较多后，晚上或夜间密切注意雨情，最好提前转移、撤离。

（7）长时间降雨或暴雨渐小之后或雨刚停不能马上返回危险区，因为泥石流常滞后于降雨暴发。

（8）游客切忌在危岩附近停留，不能在凹形陡坡或危岩突出的地方避雨、休息和穿行，不能攀登危岩。

（9）人们在山区沟谷中游玩时，切忌在沟道处或沟内的低平处搭建宿营棚。

## 泥石流中的自救

1. 什么地方可以躲避泥石流

温馨提示：

最好的躲避场所——安全的高地。

自救互救要领：

发生泥石流的时候躲避到离发生地比较远的高地上。

一定要注意：

不要站在泥石流旁边看。

不要躲在河谷边的大石头上。

2. 如何选择临时避灾场地

温馨提示：

提前搬迁到安全地带。

自救互救要领：

避难场所一般选择在泥石流地区的两侧外围。

在保证安全的情况下，离居民区越近越好，这样水电方便。

一定要注意：

不要将避难所选在泥石流的上坡或者下坡。

不要不经考虑，从一个危险地方搬到另外一个危险地方。

3. 在野外如何防止遭遇泥石流

温馨提示：

下雨时不要在沟谷中停留或行走，一定不要在沟谷旁边工作。

自救互救要领：

一旦听到连续不断雷鸣般的响声，立刻向道路两侧转移。

先观察，再穿越沟谷。

去野外劳作前要了解、掌握当地的气象趋势及灾情。

一定要注意：

不要刚下过大雨就在野外活动。

不要下了雨之后到山野河里面戏水、玩耍。

4. 发生泥石流后应该怎样做

温馨提示：

不要闯进泥石流发生区域寻找钱财。

自救互救要领：

马上帮助救助其他人。

不要返回刚刚发生过泥石流的地方。

泥石流发生之后确定安全才可以返回房屋。

一定要注意：

不要泥石流一停止就回家检查情况。

5. 泥石流来临时怎样逃生

温馨提示：

向与泥石流成垂直方向的两边山坡上爬，跑得越快，爬得越高越好。

自救互救要领：

立刻向河床两岸的高处跑。

来不及奔跑时要就地抱住河岸上的树木。

一定要注意：

不要往泥石流的下游跑。

不要顺着泥石流的方向跑。

6. 野外露宿时如何避免遭遇泥石流

温馨提示：

一定不要在山谷和河沟底部露宿。

露宿的时候避开有大石头和堆积物的山坡。

可以选择在相对平整的高地露宿。

一定要注意：

不要在山谷中露宿。

千万不要在大量堆积物的地方避风、休息。

不要在河滩上休息。

7. 泥石流发生后，食品不足、水源污染了怎么办

温馨提示：

千万不要喝污染的水。

自救互救要领：

食品不够的时候，少吃点维持生命就行。

寻找一些能吃的食物并寻求救援。

可以收集雨水喝。

一定要注意：

不要喝污染的水，那样容易中毒。

不要坐着等食物出现。

8. 泥石流过后，如何面对矗立的房屋

温馨提示：

仔细检查房屋是否稳定、安全。

自救互救要领：

在重新进入之前，检查屋里面的水、电、煤气是不是完整无损。

检查管道、电线有没有故障。

一定要注意：

不要没检查就直接走进屋里。

9. 抢救被泥石流掩埋的人和财物时应注意什么

温馨提示：

要从泥石流的侧边开始挖掘。

自救互救要领：

先救人再救物。

一定要注意：

不要从泥石流的下缘挖起，这样容易加快泥石流的发生。

不要只管自己，不管他人。

10. 如何选择撤离路线

温馨提示：

最好在地质专家考察后，选择正确的路线，再进行撤离。

一定要注意：

不要慌不择路，进入危险区。

不要不听从安排，自己选择路线。

## 泥石流发生后注意事项

泥石流和水灾后易出现疫情，灾区群众应注意预防传染病。注意饮食和饮水卫生，养成良好的生活习惯是预防传染病的关键。灾区群众要把好"病从口入"关，不要喝生水，饭前便后要洗手，不用脏水漱口或洗瓜果蔬菜，不要食用发霉、腐烂的食物，淹死、病死的家禽家畜要深埋，掌握"勤洗手、喝开水、吃熟食、趁热吃"的防病口诀。

同时要注意搞好环境卫生，不要随地大小便，及时清理粪便和垃圾，不能直接用手接触死鼠及其排泄物。此外，室外活动时要尽量穿长衣长裤，扎紧裤腿和袖口，防止蚊虫叮咬，暴露在外的皮肤可涂抹驱蚊剂。灾区群众要积极配合卫生防疫人员的消毒工作，在外劳动时应注意防止皮肤受伤。

# 泥石流灾害的救灾系统

减轻泥石流灾害的措施可分为两种：非应急性措施和应急性措施。

## 非应急性的措施

（1）工程设施：以顺坝、挡墙、护坡、丁坝来取得防护、排导、拦挡及跨越等功效的工程建设，主要是为保护危害对象。例如，急流槽、排泄沟、渡槽和导流堤等工程的建设可以改善泥石流的流向与流速。修建的储淤场、拦沙坝、截流工程等是为了控制、拦截下泄物，削减泥石流的冲击能量。

（2）避让措施：在泥石流发育分布区，首先要查明泥石流沟谷及其危害状况，才能对工矿、村镇、公路、铁路、水库、桥梁进行选址，对旅游进行开发，尽量避开可能造成直接危害的区域和地段（如泥石流沟的中、上游段及沟口，河道弯道外侧，主支沟交汇地区的低平处，靠近河床的低缓阶地或坡脚处等）。若实在无法避开，应修建防护工程或采取其他措施。

（3）生物措施：这是最应该提倡的方法，这种方法也是一种长期的有助于减缓泥石流形成的措施。前面我们提到生态环境好可以减少泥石流的发生，即使发生了也能达到减轻危害的目的。主要方法是退耕还林、封山育林、固结表土、保持水土。

（4）综合防治措施：综合措施就是将多种措施结合对小流域的泥石流进行防御和治理，从而达到减少灾害的一种方法。

（5）开展泥石流的预测预报工作：这个工作主要是从时间、空间两方面同时入手的一种措施。时间上分为短期历时预报和中长期历时预报。空间上是指对泥石流发育程度和规模进行危险区域的划分。危险区域根据地貌、降雨、地质等条件划分为一般危险区、中等危险区和高度危险区三个层次。

## 应急性措施

调查研究表明每年的 7 月至 8 月是泥石流易发时段。因此每到这个时间都要做好相应的泥石流应急避防措施。首先要避开泥石流危险地，在泥石流发育地区做好泥石流到来之前的防范措施，并且采取必要的躲避手段，比如进行搬迁、建立防护等。除此而外，还要提前做好应急部署，对一些受到泥石流危害严重的村镇、学校和工矿要做好防范工作，主要包括：

(1) 普及泥石流知识。北京的北山是泥石流易发区域,当地政府根据当地实际情况总结了一套泥石流应急防范措施及方法——三包四落实。

因此应该提将泥石流的相关知识普及到位,做好模拟演习,使人们在遇到危险的时候可以临危不惧,沉稳执著。

(2) 预防为主。泥石流的多发时间是夏汛暴雨期。这个时间段,刚好也是人们去山区游玩避暑的最佳时间,因此,在进入山谷之前,一定要收听当地的天气预报,如果有强降雨或者是连续几天下雨的情况一定不要去山谷旅游,避免遇到泥石流。

(3) 选择附近安全的地带修建临时避险棚。如较高的基岩台地、低缓山梁等都可作为选择的地点。切忌建在下游河道拐弯的凸岸或凹岸端边缘、较低的阶地、沟床岸边台地及坡脚。

泥石流发生在暴雨之后,因此在强降雨或者雨水减小时一定不要马上回到危险区。例如,1991年6月10日北京密云县降雨一天,晚20时许雨停,村门口的部分村民返转回家,就在这个时候,泥石流突然降临了,袭击了这个村子,导致5个人丧失了生命。而且黏性泥石流具有阵流特点,当人们以为灾情已经发生完之后,便放松了警惕,这时候就会造成不必要的损失。所以我们要密切关注泥石流动向,待完全确认泥石流不会发生或泥石流已全部结束时才能解除警报,返回家园。

(4) 不可存侥幸心理。白天下雨或者持续降雨,到了晚上的时候一定要注意,时刻关注着降雨量和泥石流的前兆,随时做好预防泥石流的准备,最好提前离开,不能存侥幸心理在室内就寝,蒙头大睡。

# 泥石流的灾后恢复和重建

滑坡、泥石流防范与自救

# 泥石流的灾后重建

防避泥石流的工程措施

1. 水土保持措施

（1）在容易形成泥石流的区域加强植被的保护，禁止乱砍滥伐。

（2）种植根系发达的树藤等。

（3）填洼补缝，修筑梯田，平整山坡，修台阶，筑土埂，挖鱼鳞坑等。

这些方法都可以有效地防止水土流失和滑坡。

2. 工程措施

**工程措施**

| 名称 | 具体定义 |
| --- | --- |
| 跨越工程 | 跨越工程指修建桥梁、涵洞。从泥石流沟的上方跨越通过，让泥石流在其下方排泄，用以避防泥石流。这是铁道和公路交通部门为了保障交通安全常用的措施。桥梁一般在流通区或流通区沟口，这里沟槽深且稳定，可用桥跨越。选择桥跨时要注意孔径选择，不宜压缩沟床和在沟中设墩，桥下净空是桥梁设计的主要控制条件，宁高勿低。如果泥石流上游具有良好的拦挡坝，固体物质基本被拦截，仅有水流通过；如果泥石流规模小，固体物质含泥量少，不含较大石块，有顺直的沟槽且纵坡较陡时，可考虑选用孔径不小于2米的单孔涵洞，涵洞进出口及下游需有防护设施 |
| 防护工程 | 　　防护工程指对泥石流地区的桥梁、隧道、路基及泥石流集中的山区变迁型河流的沿河线路或其他主要工程措施，做一定的防护建筑物，用以抵御或消除泥石流对主体建筑物的冲刷、冲击、侧蚀和淤埋等危害。防护工程主要有：护坡、挡墙、顺坝和丁坝等 |

续 表

| 名称 | 具体定义 |
|---|---|
| 穿越工程 | 穿越工程指修隧道、明洞或渡槽，从泥石流的下方通过，而让泥石流从其上方排泄。这也是铁路和公路通过泥石流地区的又一主要工程形式。高等级公路，无更好方案时可采用埋深邃道通过。而渡槽适用于穿过流量不大的小型泥石流，当地形条件能满足设计纵坡及行车净空要求时，可考虑采用渡槽，路基下方有停淤场或宣泄下来的固体物质能及时被河水带走渡槽应与沟槽顺接，通过流量计算考虑一定的残留厚度，渡槽断面高度安全值不小于1米 |
| 排导工程 | 排导工程其作用是改善泥石流流势，增大桥梁等建筑物的排泄能力，使泥石流按设计意图顺利排泄。排导工程包括导流堤、急流槽、束流堤等 |
| 拦挡工程 | 拦挡工程用于控制泥石流的固体物质和暴雨、洪水径流，削弱泥石流的流量、下泄量和能量，以减少泥石流对下游建筑工程的冲刷、撞击和淤埋等危害的工程措施。拦挡措施有：拦渣坝、储淤场、支挡工程、截洪工程等 |

## 泥石流灾害防治措施与方法

1. 泥石流防治工作中的治灾工作要抓好五方面的关键工作
（1）做好关于泥石流流域的调查、侦查工作。
（2）编制好地质灾害治灾规划。
（3）设计好工程。
（4）保证工程质量。
（5）做好后期的维护和治理。

2. 分级编制泥石流灾害防治规划
（1）在泥石流活动区域调查、侦查。
（2）对泥石流的现状和未来做研究预测。
（3）制定泥石流的防治原则和目标。

(4) 找到泥石流的易发区和重点治理区。

(5) 做好泥石流防治措施等。

3. 泥石流防治要点

(1) 建立以泥石流为治理单元的治理体制。

(2) 注意泥石流中的难点和特殊点。

因为预防对象具有隐蔽性和不确定性，所以工程的可靠性很大程度上取决于对自然环境的观察和对周围地质环境的评估。我国的泥石流预防技术现在还不成熟，缺少统一的标准，因此存在很大的风险。推力计算和稳定性评价的可靠性（可信度）较低。也有来自工程立项与责任追究制等行政与技术和经济等相互矛盾和制约（管理问题）给防治技术带来干扰。

4. 泥石流防治工作的现状和特点

(1) 以流域为治理单元，强调综合防治体系。

(2) 如何固坡、减沙、避害是工程治理的主要方面。

(3) 工程多为非标准化工程，规程、规范尚不健全。

(4) 工程设计标准在现在这个阶段要求不能过高，要一步一步地慢慢实施，这样才是上策。

5. 泥石流治理单元划分治理方针

(1) 以流域为治理单元，建立防灾保障体系。

在建立保障体系的时候，要做到全面规划，以人为本，综合治理，突出重点，尽量减少和避免人员的伤亡和财产的损失，促进可持续发展。泥石流流域分为：形成区、流通区、堆积区三个区段。针对不同的区域采取不同的防治措施。针对不同区段的泥石流，应采用相应的防治措施。

①形成区（汇水区）。一般是利用植树造林的方法，这样可以加强和保持水土，并修建坡面排水系统，调节地壳径流以防治沟源侵蚀。这样可以减少或者消除泥石流固体物的补给，减少泥石流的发生。比如，我国四川省西昌地区曾发生过泥石流，严重威胁西昌市的安全。这些年来，西昌区植树、造林、护林，保护生态环境，杜绝了泥石流的发生。

②流通区。一般修建节制与拦挡工程。最常用的方法是沿沟修筑一系列

低坝或石墙,这样可以拦截泥石流,应该注意的是在坝和墙身上应该留有一定的水孔,这样可以在水多的时候用来排水。但为了防止规模巨大的泥石流破坏重要城市或重大工程,就需要修建高大的泥石流拦挡坝。比如苏联就是用这种方法避免了阿拉木图市免遭泥石流的侵袭。1971年在阿拉木图河上,采用定向爆破的方式建立了一个宽500米、高112米的堆石坝,这座堆石坝在1973年7月抵御了巨大的泥石流的冲击,保住了阿拉木图市。

③堆积区。为了保护附近的农田、交通要道、居民点、工矿点,采取排导的方法。泄洪道应尽可能布置成直线形。这样可以很好地起到顺畅排泄泥石流的作用,使之在远离保护地区停积下来。导流堤必须建立在泥石流的出口处,起到转向泥石流的作用,这样可以保证保护区的安全。此外,为了确保交通线路的安全,还要修筑护路廊道、护路明洞等工程。如新疆独库公路某冰达板路段,采用护路廊道以确保道路畅通。

(2)以预防为主,软防治与硬防治相结合、治理与开发相结合、避让与防治相结合、生态与环保相结合。

我国山区的泥石流的种类千千万万,按照我国现有的财力、物力和劳力,不可能将这些泥石流沟逐条进行治理。因此,泥石流应以"防"为主,把"治"放在第二位,所谓防就是积极主动、有预见地采取措施,对人类活动

密集地区或待开发地区的泥石流进行综合考察，就所在区泥石流的规模、分布、分类、波及范围、性质、频率、破坏强度和发展趋势等，提出报告，进而开展对泥石流的预测预报工作。所谓的"治"就是对那些潜在灾情严重的、危害大的，从经济效益和社会效益考虑又非治不可，且在技术上也有条件治理的泥石流沟进行治理。治理泥石流一定要因害设防、讲求实效、因沟制宜、对症下药。

（3）把社会防治和行政管理措施相结合。

各类泥石流防治工作的竣工，只是人们抑制泥石流活动的第一步，更重要的是一定要做到管理得当、养护适中、奖惩分明。对于那些工程只建不管，等于不治，不仅会前功尽弃，甚至可能孕育着更大的隐患。

6. 泥石流防治工程类型

**泥石流地区常用各类防治工程的主要功能和措施**

| 泥石流防治类型的功能 | 主要措施 |
| --- | --- |
| 抑制泥沙产生 | 拦沙坝、谷坊、护岸、封山育林、截水沟、坡面梯田化 |
| 限制水沙下泄量，控制流路，防冲防淤 | 拦沙坝，包括穿透式格拦坝、停淤场、导流堤、排导沟、清理河床、消除弧石 |
| 避开泥石流的直接冲击，削弱泥石流的能量，把泥石流引向指定地区 | 建造导流坝、拦挡坝、明洞渡槽、渡槽、排导沟、防冲墩、防护桩或墩身防护圈 |

## 7. 典型泥石流沟分区段综合防治

**典型泥石流沟分区段综合防治**

|  | 主要灾害 | 预防原则 | 防治重点 | 防治方法和措施 |
| --- | --- | --- | --- | --- |
| 形成区 | 山体及河岸崩坍、滑坡发育冲毁堤坝或淤埋设施 | 治山，治沟，稳坡，稳谷，减少和防止崩坍、滑坡，减少泥沙入沟，滞缓暴雨汇流速度和沟槽汇流集中程度 | 以防治产沙为主，治理形成区内不稳定的岩坡、松散堆积体，最大限度地减少和控制入沟沙量 | 封山育林，25°以上陡坡地区退耕还林，科学规划集排水系统，坡面治理工程，沟谷稳坡稳谷治理工程，低坝群（实体坝）、护底护岸工程 |
| 流通区 | 沟岸有崩坍、滑坡，常冲毁堤坝等建筑物 | 治山，治沟，稳坡，稳谷，防堵塞，提高泥沙搬运能力 | 以排沙为主，稳定流路，控制下泄沙量和输沙粒径 | 拦挡工程格栅坝（水石型、泥石型）、实体坝（泥流地区）、淤地坝（泥流地区）、护底护岸工程、导流工程 |
| 堆积区 | 淤埋、泛滥、尾端再侵蚀 | 减沙增势，提高泥沙搬运能力；尽可能将泥沙排入大河，重点保护山口居民聚集区和工农业活跃区 | 以防淤和防泛滥为主，控制堆积扇危险区范围，在有条件地区实施停淤减沙 | 缓冲林带、集流归槽、导流工程，排导护岸工程、停淤场、护底工程 |
| 下游大河区 | 冲淤交替发展，冲毁堤岸 | 减小泥沙输入大河能力、增大扇缘切割能力、降低支沟侵蚀基准面 | 加大排沙和扇缘切割能力，确保河形无大变化 | 导流、挑流工程，使主流稳定在扇缘一侧 |

8. 拦挡建筑物的设计

（1）拦挡建筑物的主要作用：

①控制泥石流的强度，拦截泥沙，减少输沙粒径，降低泥石流的浓度，调节输沙量，改变输沙条件，使泥沙输移形态由泥石流向水流输沙转化。

②降低河床坡降，减缓泥石流运动速度并防止河道纵向侵蚀和横向侵蚀。

③充分利用回淤效益、稳坡稳谷，调整流向。

（2）拦挡建筑物的使用条件：

①上游有一定的筑坝地形（较大的库容和狭窄的坝址）。

②必须控制上游产沙的河道。

③中上游或下游大河没有排沙或停淤的地形条件。

④要求短期内生效的。

⑤域内沙量大，沟内崩塌、滑坡体较多。

⑥地方部门能协同治理。

9. 格拦坝的特点和设计条件

（1）格拦坝的特点：

①拦和排要相互兼容，坝前有选择地拦蓄，这样可以充分发挥下游的输沙能力，延长泥库的寿命，充分发挥工程经济效益。

②可以节省施工量、实现工厂化生产，现场组装方便，施工周期短，还可以用于抢险。

（2）格栅坝设计条件：

①同一条河沟上，建造的格拦坝不应少于 2 座。

②坝间隙按保证下游安全过流、过沙能力设计。

③最上游有一座坝，首要满足防冲要求，其次才是满足调节需要。

④每座坝调节幅度最大不能超过 1/3。

10. 排导工程

以排导为主的综合治理方案是以急流槽、明洞渡槽、排导沟、导流堤等排导工程为主，畅排泥石流，控制泥石流的堆积区对农田和各种建筑物（包括路、桥、房屋、渠道等）的危害；同时在中上游修建拦挡工程，进行植树造林，这样可以减少泥石流的规模或者降低泥石流发生频率。主要适用于中上游修建工程难度大或效果不明显、对于下游受害对象比较集中的泥石流流域，可以通过排导消除它的主要危害。但排导工程仅仅是一种消极的措施，它既不能削减排入主河的泥石流体数量，又不能控制泥石流的形成，仅能暂时消除或减轻灾害。甘肃武都的火烧沟、云南东川的蒋家沟和四川喜德的东沟等泥石流流域均采用此方案治理。

（1）排导工程的主要作用：

①将危及安全的泥沙运送安排到远离被防护区的适当地区，这样可以避免堆积物影响生活设施。

②利用泥石流自身的力量提高或改变自然情况下沟槽的搬运能力。

③增大输沙粒径。

④维持沟槽坡度。

⑤限制纵向和横向变形，防止沟岸、沟床变形引起的滑坡。

⑥调整流路，使泥石流按人们指定的方向运动。

⑦排导工程占地少，并且不受上游防治措施的约束，近期收效快。

（2）常用的建筑形式：

常用的建筑形式是导流堤护岸、急流槽、护底、排导沟、渡槽等，主要作用是改善堆积扇和流通区的工作条件，以及保护沟岸、沟底。

（3）排导工程设计要点、难点如下。

要点：

①参照流通区段及坡度选择断面。表面要做耐磨，沟底应该采用尖底或者是弧形。

②按 Q 均级顺应主流中线选择排导沟中线。

③弯道处留足弯道超高和爬高高度。

④末端标高宜在大河平均水位以上，并留足 3~5 次淤积高度。

⑤排导沟最小宽度>2damax（可能滚动的最大巨石的 a 轴向长）。
⑥排导沟最小深度>1.5dcmax（可能滚动的最大巨石的 c 轴向长）。

难点：

①排导沟设计中的难点之一是最佳断面的选择：因为现在泥石流的运动规律还没有完全了解，属于探索阶段，学者之间的问题存在差异，一部分学者认为泥石流流量变差大，认为断面应该宽不应该窄，以复式断面为宜，容许泥石流在沟槽内自动调节；另一部分的学者认为应该提高泥沙的搬运能力，认为它的窄深断面有利，主张宜窄不宜宽，以沟槽内略有淤积为限；

②排导沟设计中的难点之二是排导沟的末端处理：下游的河位经常会形成顶托，这样容易使运送的距离变得比较短，那么淤泥就会在沟槽里面形成，而且发展速度很快，造成槽内异常淤积，最严重的时候，可以使工程没有效果。有时沟槽内由于巨石或其他阻碍，也可能形成上述类似淤积而使工程失效。

（4）排导沟的使用条件：
①需要改变现有流路，要求短期生效的。
②有排沙的地形条件。
③坡度较小的地方也可采用拦排结合先拦后排。
④末端有较高的地形差在大河主流一侧。

10. 生态工程

生态工程是指应用生态系统中物质循环原理，结合系统工程的最优化方法设计的分层多级利用物质的生产工艺系统，采用恢复草被和植树造林等生态措施，在荒漠、荒山和植被被严重破坏的地区，为了防止水土流失和环境破坏。生态工程以求恢复生态系统功能，调节地表流水，减少或者减低水土流失，这样可以达到逐渐控制泥石流的发生或削减泥石流规模。生态工程在预防和减少水土流失上有很多作用。本类方案适用于坡度较为平缓，崩塌、滑坡比较少的，以片蚀为主，局部沟蚀提供泥石流土源的水力类泥石流以及一般的坡面泥石流。比如说云南省梁河的垄杏山泥石流治理和云南省南涧县县城后山泥石流的治理都是采用的这种办法，效果较为明显。专家建议在滑坡的地方多种植一些林、乔、灌、草，综合治理、严格管理，形成多品种、多层次的立体防护林体系。目前我国的一些泥石流比较活跃的地方，已经启动二类生物防治工程，其主要措施有：

（1）水土保持林。多种植那些耐旱、深根性、耐贫瘠、易成活的树种，比如：柳、山杨、马尾松、白桦。在堆积扇、阶地、滩地营造开发性水土保持护滩林，如林果混交、林农间种、宜以乔灌木、混交林、林药间种等多用途立体经济林。

（2）林业工程。应该封山育林，在各大支流域中建立水土保持防护林体系及科学的林带体系，在全国，特别是西部建立新的可持续发展的生态环境。如长江上游的生态防护林。

（3）水源涵养林。多种一些乔木，这样就可以形成复层林。宜选用高大乔木。

（4）农业工程。在25°以上的坡地实施还草政策、退耕还林，压缩垦殖面积。在山区实施科学的灌溉体系和农业耕作，保护水土，建设可持续发展的山区农业体系。营林种树应根据地域特性和植物生长特性进行科学的选择。

根据上面说到的情况，我们可以了解泥石流的形成条件和预防，预测出山区及山前地区居民点和工程建设（已建或待建）所在地泥石流发生的可能性，针对可能发生的泥石流采取相应的措施和治理方法，将泥石流产生的危害降到最低，从而减少泥石流对人类的影响和危害。长期以来，我国的科技工作者和劳动人民在防止和抵御泥石流的斗争中，积累了丰富的经验，他们坚持以预防为主、综合治理的方针，结合小流域治理，修建排水沟，植树固坡、疏通水流以及修建拦挡坝跨越泥石流的工程，有效地抵制和遏制了泥石流灾害的发生，减轻了危害的程度。但是从长远考虑，应该树立人为防范和工程措施并重的防灾、减灾思想，减少泥石流的危害。与此同时，希望全社会的人来保护环境，达到人与自然的和谐共处。

# 不可忘却的泥石流

（1）2002年2月17日在印度尼西亚的中爪哇省，磅礴大雨引发了中爪哇省的一座山谷发生严重的泥石流。有7名当地居民死亡，多人受伤。至少有5座豪华房屋被泥石流冲走。

(2) 2002年8月19日，云南新平泥石流死亡人数约33人，3000多人参与抢险。

(3) 2008年11月4日，云南泥石流致35人死亡、107多万人受灾。

(4) 2010年8月26日，四川省特大山洪泥石流灾害中，全省民房倒塌1.85万余户、4.68万余间，映秀镇倒塌农房18户，受损农房15户，749套城镇住房因岷江改道受淹；清平乡掩埋农房564户，受损农房56户，6套城镇住房被泥石流掩埋；龙池镇倒塌农房53户，受损农房153户。除民房外，成德绵、广元、遂宁、内江、阿坝7个市（州）的市政基础设施也受灾，直接经济损失2.7亿元。其中，市政道路损毁68.78千米，自来水管网损毁184千米，排水管网损毁219.8千米，供气管道损毁11千米；22座市政桥梁、19座自来水厂、10座污水处理厂、29座天然气配气站、14座垃圾处理场均不同程度受损；全省有205个乡镇不同程度受灾。其中，受损供水设施76个、供水管网129.5千米、桥涵210座、道路564.4千米。

(5) 2010年8月7日22时许，甘肃甘南藏族自治州舟曲县发生特大泥石流。甘南藏族自治州舟曲县突降强降雨，县城北面的罗家峪、三眼峪泥石流下泄，由北向南冲向县城，造成沿河房屋被冲毁，泥石流阻断白龙江，形成堰塞湖，截至14日16时，泥石流致使1239人遇难，505人失踪，住院66人，解救1243人；舟曲5千米长、500米宽区域被夷为平地。继舟曲之后，陇南多地暴发泥石流，已致20人死亡16人失踪，万人被困。

(6) 2010年8月11日18时至12日22时，陇南市内突然下了暴雨，引发泥石流、山体滑坡等地质灾害，导致多处交通路段堵塞，电力通信设施中断，机关单位、居民住房和厂矿企业进水或倒塌。

## 准备好你的"救生书"

滑坡、泥石流防范与自救

FIRST AID KIT
急救包

滑坡、泥石流防范与自救

# 面对灾害的心态

英国作家萨克雷说道:"生活就是一面镜子,你笑,它也笑,你哭,它也哭。"泥石流、滑坡、洪水、地震、火山喷发等自然灾害就是一面镜子,它将照出你的心态。

先讲两个例子。

汶川大地震已经过去了一年,它的阴影却深深地烙在了每一个人的心上。一个很无聊的人晚上失眠,跑到宿舍楼道大声叫道:"地震了,地震了!"寝室顿时慌作了一团,根本就没有人去辨别这件事情的真伪,人们都慌乱地从宿舍冲了出来,有个人直接从三楼跳了下来,摔伤了腿。很多人在下楼梯的时候因为人多摔倒而受伤,庆幸的是没有出现死人事件。

日本发生大地震引起海啸、核泄漏,当日本政府宣布可能会发生核泄漏的时候,数以万计的居民在第一时间有条不紊地撤离。日本东海大学叶千荣教授在微博上说,在从东京回横滨的路上,一个小时里面,车只缓缓行驶了三百米,

车辆停滞，但是两旁人行道上密密麻麻的人却没有一个走到车道上。从凤凰台转的视频可以看出日本人在面对这么大的灾难的时候，表情从容淡定。地铁停了，人们做好过夜准备；宾馆工作人员负责给在广场上避难的人送食物和物资。

这就是心态！

不幸遇到了灾害，庆幸躲过了灾害，那么接下来的事情就是活下去，自己救自己，如果没有办法自救的话，那么就学会向别人求救。记住，一定要保持好心态！

# 准备好"急救箱"

地震、海啸、山体滑坡等越来越多的自然灾害威胁着我们的生活，在面对灾难的时候，受伤是在所难免的。例如皮肤破损、血管及神经断裂、骨折等都会不可避免地造成出血。如果发生出血就会造成严重后果，很有可能会有生命危险，所以要小心，尽量避免受伤，如果创伤不可避免，要学会运用急救知识保护自己和他人。我们怎样才能够做到有备无患呢？

首先准备急救包。

1. 手电筒以及荧光棒

在发生灾难的地方，很多时候没有电，这时候有一个手电筒是很必要的。荧光棒可以作为辅助光源，在必要的时候这些东西都可以用来吸引搜索者的注意。

滑坡、泥石流防范与自救

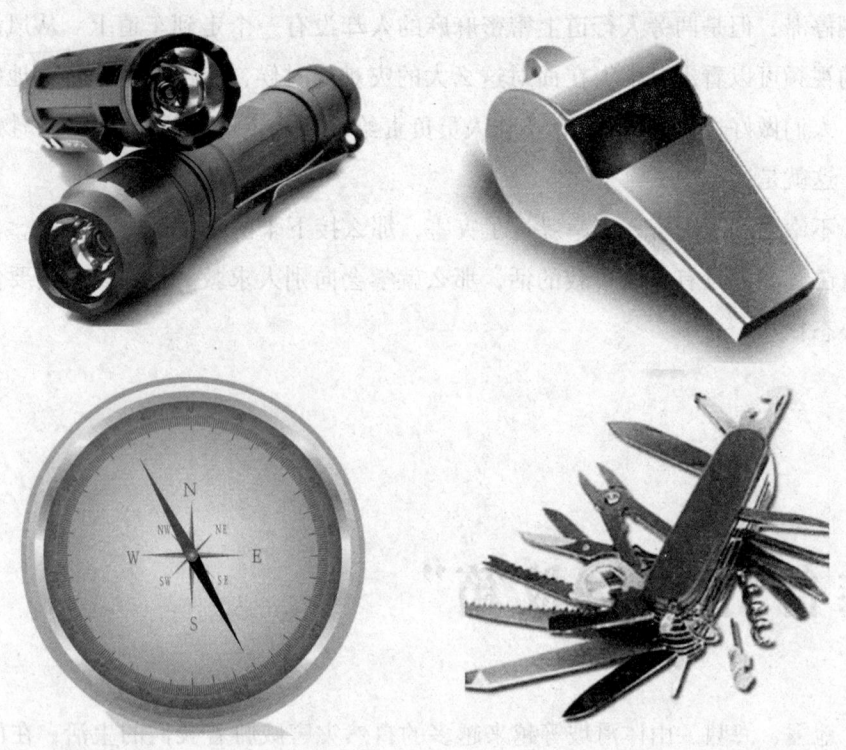

2. 指南针

在慌乱的时候最主要的就是确定方向，否则你就会在一个地方不停地转。

3. 求生哨

虽然只是一个普通的哨子，但是如果你遇到困境，用喊"救命"的方式引起他人的注意，估计不到十分钟，你的喉咙就不行了。小小的一个塑料口哨，只要你还有一口气在，那么你就可以吹响口哨，用来求救。

4. 求生小型组合工具

首选"瑞士军刀"，它被称为"百宝箱"，有42种功能。

5. 打火工具

求生的时候需要有火，这就需要你准备火柴和防风打火机。

6. 水壶

水是生活的必需品，所以需要准备一个水壶以备不时之需。

7. 食物

民以食为天，所以必须准备食物，所选择的食物必须脂肪多、易保存，比如压缩干粮、葡萄糖粉等。

8. 药膏

药膏的种类很多，尽量选择那些防水的。

9. 小药瓶

选择你需要的药，这样在关键的时候就可以救你的命。

10. 创可贴

出现灾害的时候很有可能会受伤，那么创可贴就派上了用场。另外，创可贴最好是防水的。

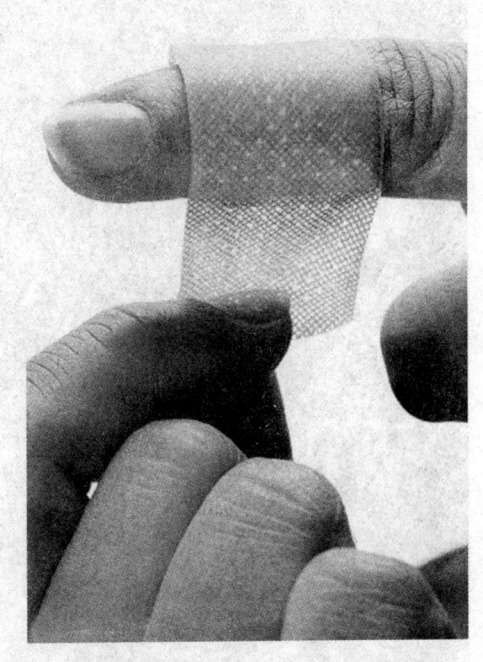

# 生存的基本需要

## 灾难发生后获得水的方法

不管是泥石流还是滑坡，当它们来临的时候，都会携带大量的固体和泥沙，这样很容易污染水源，被污染的水，一定不能喝！下面讲几种收集水的方法。

（1）雨水是可以直接饮用的。在下雨的时候，你要将空罐头盒、杯子、钢盔等容器取出来接水，如果当时什么都没有的话，你可以用衣服接水，随后拧

衣服上面的水。

（2）饮用河流或湖泊中的水时，在离水1~2米的距离挖一个小坑，然后等水从湖里面渗出来

（3）学会辨别水质。在没有可以饮用的自来水，或者说是检测机构，可以根据水的色、味、温度、水迹，大略鉴别水质的好坏。一般情况都是水越清水质越好，水越浑则说明杂质多。通常情况下干净的水是没有味道的，被污染的水，一般都有味道。另外你可以取出一张白纸来，然后在上面滴上一滴水，如果上面没有斑迹的话就可以喝。

（4）在外面的时候可以用一些野生植物来净化水。

（5）通过哺乳动物痕迹寻找水源，食草动物一般都是需要定期饮水的，所以它们出现的地方很有可能有水源。食肉动物饮水的间隔比较长，它们一般可以从其他动物身上获得，因此它们出现的地方不一定有水源。

（6）根据鸟类寻找。鸟是早晚都要喝水的，当它们飞得比较低的时候，它们可能就在寻找水，注意它们的飞行方向。

（7）根据昆虫寻找水。特别是蚂蚁，当看到一群蚂蚁一起前进的时候很有可能是它们发现了水源。

（8）从植物中获取水。植物上一般都有丰富的水源，切开它们的皮就可以获得。但是要注意如果它们的乳汁是乳白色的话，最好不要喝，很有可能有毒。

注意事项

（1）最好不要饮用从杂草中流出的水，而以从断崖或岩石中流出的清水为佳。

（2）不论多么口渴，都不要饮用不洁净的水，万不得已时，也要把水煮开再喝。

## 灾难发生后获得食物的方法

当我们身陷困境的时候，平时最简单的吃饭喝水都变成了最奢侈的事情。不过你要是能够充分巧妙地利用现有的资源，也一样能够"逍遥自在"地安全度过野外的每一天。学会去大自然那里寻找你需要的食物，但是你食用的时候要注意那些有毒的，不能食用的。

1. 以植物为食要注意的问题

（1）确认哪些植物可以食用。比如，在热带、亚热带，野生无花果、野生水果、棕榈、竹类可以食用；在温带，蒲公英、车前草、野果等可食用；在沙漠，仙人掌可以当做食物；在海岸，紫菜等一些藻类可以食用；在极地，北极柳、地衣等可以当做食物。

（2）采集植物时，要选择绿色嫩枝、块茎、球状根、果实等。不要采集有乳白色汁液的植物，不要采集颜色鲜亮植物，如红色的植物。采集蘑菇时要尤其注意，尽量选择自己能够识别的种类，颜色鲜亮的不要采。采集浆果时，裂成五瓣形的不要采。

（3）吃之前要先尝。尝前先切下一段闻闻，如果有桃树皮或苦杏仁味，不要品尝。也可以取汁涂抹在手臂，感觉不适立即

丢弃。如果没有不适，可以吃一小块。一次只能尝一种，当感觉不舒服时，立即催吐。催吐可以用木炭或其他方法。如果没有异样感觉，则该植物可以安全食用。

2. 以动物为食要注意的问题

（1）分清不同年龄动物的肉质。

①动物越幼小，瘦肉越多，肉质越嫩。

②越老，脂肪越多，肉质越粗糙。

③成年雌性动物的肉质最好，味道鲜美、肉多骨少。

（2）判定附近出没的动物类型，采取恰当的捕获方法。

①仔细留意动物的踪迹，根据足迹、附近植被的破坏程度等确定。

②兔、羊、鹿等动物啃的痕迹不同，观察啃噬痕迹确定。

③不同动物的排泄物也不同，可以据此判断。

④一些动物会掘土，可以根据不同的土堆判定。

3. 掌握不同动物的活动规律，采用合适的捕获手段

（1）可以根据动物们的不同的生活习性来设下陷阱或者捕捉。

（2）一般食草型动物一整天都活动。

（3）多数哺乳类动物在早晚活动。

（4）可以食用小溪、小河、湖里的鱼、虾、蟹等。

（5）保存肉时，有条件的可以用盐渍；也可以切成肉片，挂在阳光下风干

或是在火上熏烤熟。

（6）千万不能食用有病的动物，也不要食用动物的肝脏，以防传染疾病。食用时，最好用火做熟，不到迫不得已不要生食。

（7）在海上最好的食物是鱼。可以用鱼钩钓，也可以用鱼叉叉。

（8）身陷孤岛时，可以捕鸟食用。捕鸟时动作要快，用竹竿或其他东西给它们猛然一击，也可以设置陷阱捕捉。

（9）可以在沙滩上捕捉海龟，挖海龟蛋食用。抓海龟的办法最好是用绳子做成一个活套，套在它的头部。没有绳子时，千万不要抓它的头，以防它头部缩回去，伤到你的手，要抓它的龟鳍。抓获后，要把它的背翻过来，用刀子或其他利器将肉撬出来，煮熟或烤熟食用。

（10）可以在涨潮后，去沙石下找鱼、虾、螃蟹、蛤、牡蛎等，对于龙虾、螃蟹不要用手抓，要先将它们打昏。

（11）有些礁石上有海参，它的肉也可以煮食。

滑坡、泥石流防范与自救

# 发送求救信号

## SOS

SOS是国际通用的求救信号。在一般的情况下,重复三次都表示求救。你要根据身边的东西和周围的环境,创造出求救信号,例如可以点燃三堆火,制造三股浓烟,吹响三声口哨、发出呼喊等。

## 浓烟信号

在白天的时候,可以点燃浓烟,浓烟升到天空的时候就能够和周围的环境形成对比,容易被人发现。你可以准备一些潮湿的树叶、绿草、苔藓或蕨类植物,这些都可以产生浓烟。潮湿的树枝、草席、坐垫可熏烧更长时间。

## 声音信号

如距离较近,可大声呼喊求救,或者用准备好的哨子,三声短三声长,再三声短;间隔一分钟后重复。

## 火光信号

在国际上,通用的火光信号是燃放三堆火焰。火堆摆成三角形,每堆之间的间隔最好相等,还需要保持燃烧,这样有飞机飞过的时候就可以看到。注意,选择的地方一定要开阔,因为这样容易引起人们的注意。

## 反光信号

利用阳光的放射原理,用镜子照着太阳,通过反射光引起人们注意。如果没有镜子的话可以用罐头盖、玻璃、金属片。

- 利用镜子、罐头盖、玻璃、金属片等反射光线。
- 持续的反射将产生一条长线和一个圆点,引人注目。

## 旗语信号

把一面旗子，或者是一块色泽鲜艳的布料绑在棍子上，挥棒时，在左侧长划，右侧短划，做"8"字形运动。如果双方距离较近，不必做"8"字形运动，简单地挥动就可以了，左边长一点，右边短一点，左边用的时间比右面长一点。

- 将一面旗子或一块色泽亮艳的布料系在木棒上挥动。
- 左侧长画，右侧短画，做"8"字形运动。

## 信息信号

遇险人员转移时，应留下一些表示自己方向的信息，以便救援人员发现。如：

- 将碎石或树枝摆箭头形，指示方向。
- 用两根交叉的木棒或石头表明此路不通。

（1）用三个石头，或者木棍，表示求救或者危险。

（2）先用小石头摆成一个大石堆，再在旁边放一个小石头表示行动的方向。

（3）用石头或者木棍摆成箭头的形式，这样可以表示方向。

（4）在地上放置一根分杈的树枝，用分杈点表示行动方向。

（5）将木棍插在树枝上面，顶部指向行动方向。

（6）可在树干上画一个箭头表示行动方向。

（7）两根交叉的木棒或石头意味着此路不通。

（8）在一束草的上面打一个结，让它弯曲的方向指向你去的方向。

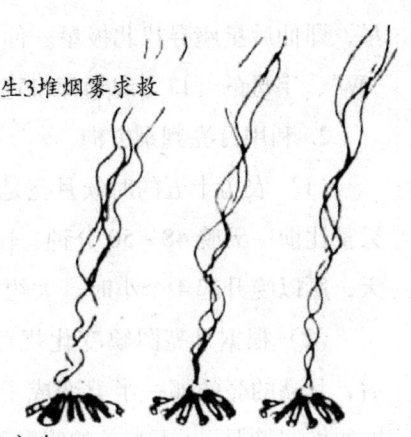
生3堆烟雾求救

# 确定方向的方法

## 在晚上的时候利用星星月亮分辨方向

1. 北极星

北极星在正北。通常我们都是根据北斗七星（大熊星座）或W星（仙后星座）确定。北斗七星就像是我们常用的勺子，将勺子的两头衍生大约五倍就能够找到北极星。当看不到北斗星时，可根据W

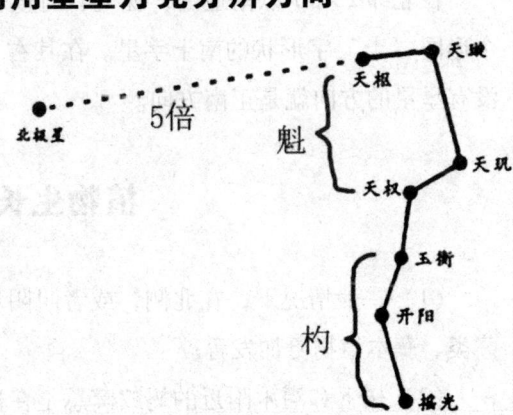

星,即仙后星座寻找北极星。仙后座是由五颗很亮的星星组成的,形状像字母"W",字母的开口方向约开口宽度的两倍距离处是北极星。

2. 利用月亮判别方向

(1)农历十五的时候月亮是下午6时从东方升起的。月亮升起的时间,每天都比前一天晚48~50分钟。比如说到了农历二十的时候,距离十五相隔了5天,所以晚升起4个小时。大约是在晚上22时左右从东方升起。

(2)根据月亮圆缺变化规律。农历十五以前,月亮亮部在右边,十五之后,月亮的亮的那一半就变成了左边。我们把上半月的叫做"上弦月",月中的叫做"圆月",下半月的叫做"下弦月"。每个月,月亮都是按上述两个规律升落的。

3. 南十字星

在北纬23°30′以南地区,晚上有时候会看到由4颗比较亮的星星组成的一个形同"十"字形状的南十字星。在其右下方,γ、α两星连线长度的4.5倍的没有星星的方向就是正南方向。

## 植物生长特征

(1)一般情况下,在北侧,或者叫阴坡,低矮的蕨类和藤本植物比阳面的蕨类、藤本植物更加发育。

(2)树下和灌木附近的蚂蚁窝总是在树和灌木的南面。

（3）苹果、红枣、柿子、山楂、荔枝、柑橘等树的。果实在成熟时，朝南的一面先染色。

（4）草原上的蒙古菊和野莴苣的叶子都是南北指向。单个植物的话，它面向太阳的那个方向也就是南面长得比较茂盛，在北边，可能生长着苔藓。

（5）我国北方的一些树干的年轮清晰可见，南边的比较稀少，北边的比较紧密。

## 利用太阳确定方法

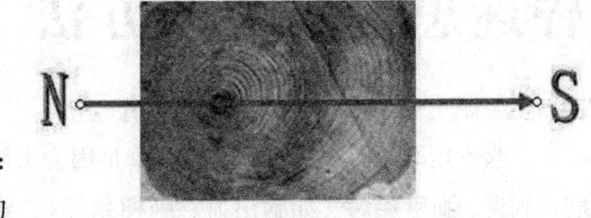

1. 手表测向。俗话说："时数折半对太阳，12点指的是北方。"最好的辨别时间是上午9时到下午16时之间，用当时时间的一半所指的方向对向太阳，12时刻度就是北方。比如，12时40分，它的一半是6时20分，把时针对准太阳，那么12指的就是北方。

2. 日影测向。晴天的时候，在地面上竖立一个木棍，随着时间的推移，木棍的连线会随着太阳的方位而转变，中午的时候影子对端，它跟末端的连线是一条直线，该直线的垂直线为南北方向。

3. 地球24小时自转360°，一小时转15°，而手表的时针总比太阳转得快一倍。依靠这个，我们可以利用手表和太阳的方向大略测出方向。早晨6时太阳在东方，影子指向西方，这时候，如果将手表上的时针指向太阳的时候，表盘上的"12"字便指向西方，如果表盘转动90°，即将6时折半，那么转盘上面的"3"字对向太阳，"12"字便指向北方；中

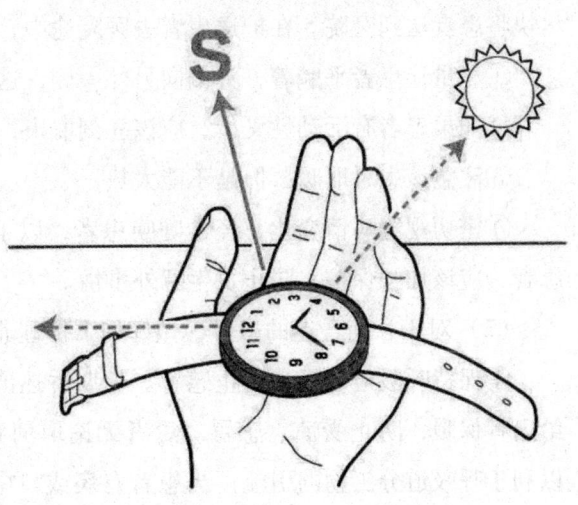

午12时,太阳位于南方,将12折半,使表盘上的"6"字对向太阳,则"12"字仍指北方。

# 昏迷患者的救助方法

引起昏迷的原因有两个方面,一个是因为大脑病变引起的,这就包括脑肿瘤、脑炎、血管疾病(如脑出血、脑梗死等)、脑外伤、中毒性脑病等;另一方面则是因为其他疾病引起的,如尿毒症、肝性脑病、酒精中毒、糖尿病酸中毒、一氧化碳中毒等。

我们常常会遇到两种患者,一种是我们身边的人突然昏迷,另外一种就是患者因脑血管病或颅脑外伤等已昏迷一段时间。

(1) 如果我们身边的人突然出现了类似于昏迷的状态,鉴别昏迷最简单的办法就是用棉芯轻轻地碰触一下他的眼角膜,如果是头脑清醒的人,一定会眨眼睛。但是昏迷,或者是重度昏迷的人,都没有反应,这时候最好的办法就是尽快将患者送到医院。在护送患者去医院途中,要注意做好如下几点:

①尽量让患者平躺着,头偏向另外一侧,这样可以保证他呼吸道通畅。

②如果患者有活动性义齿,应该立刻取出,防止吸进气管。

③注意该患者取暖,但是不能太热。

④密切观察病情变化,经常呼唤患者,以了解意识情况。对于躁动不安的患者,应该加强保护,防止发生意外事情。

(2) 对于长期昏迷的患者,做好如下护理非常重要。

①保持呼吸道通畅,防止感冒。长期昏迷的患者机体抵抗力较低,要注意给患者保暖,防止受凉、感冒。患者无论取何种卧位都要使其面部转向一侧,以利于呼吸道分泌物的引流;当患者有痰或口中有分泌物和呕吐物时,要及时

吸出或抠出；每次翻身变换患者体位时，轻扣患者背部，以防吸入性或坠积性肺炎的发生。

②饮食护理。应该给予这些患者一些高热能的、容易消化的流质食物，不能吞咽的可以通过鼻饲。鼻饲食物可为肉汤、果汁水、牛奶、米汤和菜汤等。也可以将淀粉、菜汁、牛

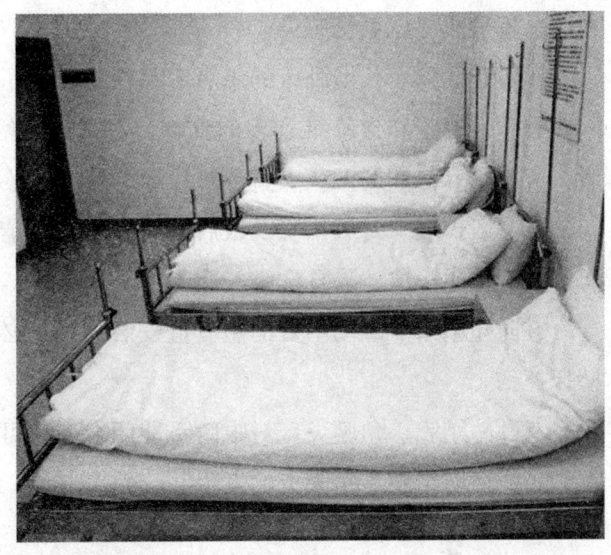

奶、鸡蛋等调配在一起，制作成粥状的混合物，鼻饲给患者。每次鼻饲量为200～350毫升，每日4～5次。注意鼻饲的时候要加强清洁患者食用时用的餐具，时常清洗和消毒。

③预防烫伤。长期昏迷的患者神经末梢循环不好，冬季时手、脚冰凉。家人在给患者使用热水袋等取暖时，一定要注意温度不可过高，一般低于50℃，以免被烫伤。

④预防褥疮。昏迷患者预防褥疮最根本的办法是定时翻身，一般每2～3小时翻身一次。另外，还要及时更换潮湿的床单、被褥和衣服。现介绍人翻身法（以置患者于左侧卧位为例）：第一步，家属站于患者右侧，先使患者平卧，然后将患者的下肢屈起；第二步，家属将左手臂放于患者腰下，右手臂置于患者大腿根下部，然后将患者抬起并移向右侧（家属侧），再将左手放在患者肩下部，右手放于腰下，抬起、移向右侧；第三步，将患者头、颈、躯干同时转向左侧即左侧卧位；最后在患者背部、头部各放一枕头，以支持其翻身体位，并使患者舒适。

⑤防止泌尿系统感染。患者如能自行排尿，要及时更换尿湿的衣服、床单、被褥。如患者需用导尿管帮助排尿，每次清理患者尿袋时要注意无菌操作，导尿管要定期更换。帮助患者翻身时，不可将尿袋抬至高于患者卧位水平，以免

尿液反流造成泌尿系统感染。

⑥防止便秘。长期卧床的患者容易便秘，为了防止便秘，每天可给患者吃一些香蕉、蜂蜜和含纤维素多的食物，每日早晚给患者按摩腹部。3 天未大便者，应服用麻仁润肠丸或大黄苏打片等缓泻药，必要时可用开塞露帮助排便。

⑦一般护理。每天早晚及饭后给患者用盐水清洗口腔，每周擦澡 1～2 次，每日清洗外阴一次，隔日洗脚一次等。

⑧防止坠床。躁动不安的患者应安装床挡，必要时使用保护带，防止患者坠床摔伤。

⑨预防结膜、角膜炎。对眼睛不能闭合者，可给患者涂用抗生素眼膏并盖湿纱布，以防结膜、角膜炎的发生。

# 心跳停止时应采取的方法

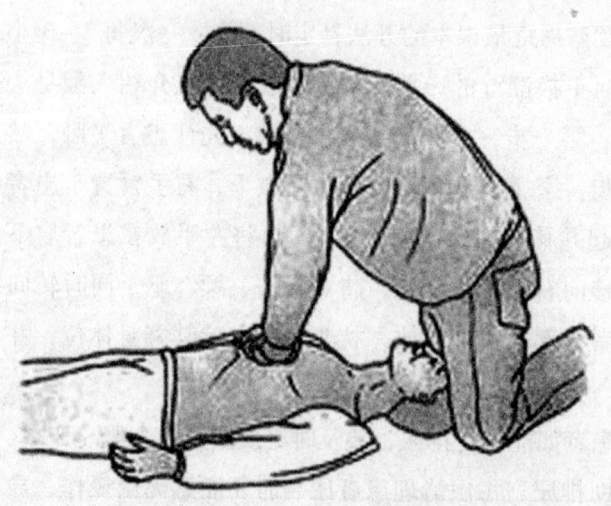

不管遇到什么事故，什么疾病，如果心脏停止了跳动，那么人们肯定会说这个人已经不行了。但是，此时灰心为时过早。若抢救措施得当，进行人工呼吸胸外心脏按压的话，也许就会有奇迹发生。

这种心脏按压，是体外按压，使一度停止跳动的心肌，恢复跳动的一种急救方法。在我国，有很多心跳停止，或者是溺水、触电的人，经过人工呼吸和心脏按压之后，又活了下来，充分说明了心脏按压的重要性。

在现实生活中，如果呼吸停止的话，心脏也会随着停止跳动。心跳完全停止，若不做心脏按压，只有拱手待死。

只要经过长期的练习，谁都会做心脏按压。在面对灾害或者伤员的时候我们就不会束手无策了。

## 有效的心脏按压法

1. 首先确定脉搏是否完全停止

灾难中，突然有人心脏病发作，或者因为其他原因病倒了，那么你此刻应该做的事情是先要摸摸腕部或颈部动脉，辨别一下对方有没有心跳，如果心还在跳的话，进行心脏按压容易威胁生命安全。

2. 在软床上进行心脏按压是徒劳的

如果患者心跳停止，那么应该将他从软床上抬到硬床上或台子上。

心脏按压就是用两只手压迫患者的胸骨，压迫位于胸骨和胸后壁之间的心脏，强迫血液流出来。也就是说，人工使血液循环，生命复苏。若在软床上进行，床的反作用力小，那样压迫心脏的力量就会减少，减少了按压的作用。如必须在软床上进行按压时，则应垫上硬板。

3. 心脏不在胸腔左侧而在正中

一般人认为心脏在左胸腔，这是错误的理解。心脏大约是在胸腔中心的位置，因此在做心脏按压时，一定要把一只手掌放在胸骨中心靠下1/3处，另

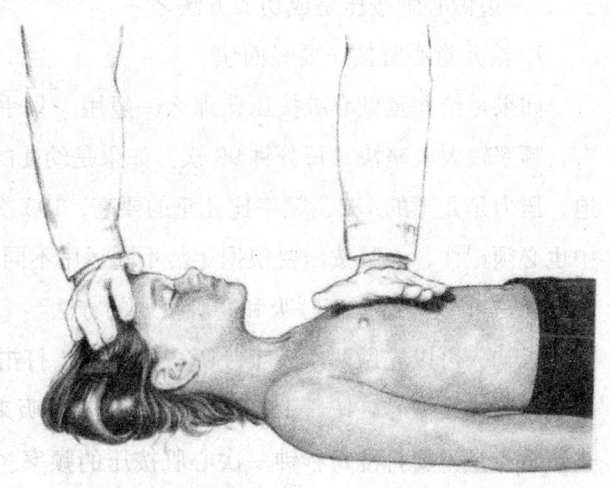

一只手放在他的上面加强力量。不压迫胸骨是错误的，这是因为压迫胸骨的时候才可以使胸骨之间的心脏受到挤压，迫使心脏内的血渗出。这样，人工地促使血液循环，进而使生命复苏。

4. 挤压心脏的程度

首先要把手放在正确的位置上，手腕一定要挺直，然后慢慢地将身体的重量加上去，压迫胸骨之下沉3~4厘米，然后忽然放松减压。压迫心脏时，不管遇到什么样的情况，都必须用力，不能松手。减压时，也要完全彻底，但是减压时，手仍然不离开胸壁。

5. 压迫心脏的频率

不管是谁慌慌张张没有遵循操作规程进行心脏按压都会造成失败，即使他是一个非常精通心脏按压方法的人。所以遇到问题的时候一定要淡定，一定要把握好这个频率。心脏按压的要领是每秒一次，每分钟60次，规则地进行。请牢记这个频率，过快或者过慢都是不能发挥作用的。

6. 按压频率的重要性

如同向煤油炉里灌煤油时，泵的频率过快或过慢，灌油就不能顺利地进行。有一点要注意，无论遇到了什么事情，手都不能轻易离开胸部。因此，救护人员在做练习的时候，可以使用节拍器，一边计算着频率，一边进行练习。尽管如此，慌张时还是会快起来。所以，要多练习，嘴里一边大声数"一、二、三"，一边做心脏按压是成功的方法之一。

7. 给儿童心脏按压要轻而快

如果是给儿童做心脏按压，那么一般用一只手，压力大约是成人的1/2左右，频率较大人略快，每分钟90次。如果是幼儿的话，那么就要用两个手指压迫，压力是儿童的1/2，频率比儿童的要高，100次左右为妥。即使在应急治疗中也必须记住，心脏按压要根据年龄不同运用不同手法。

8. 一个人进行人工呼吸和心脏按压的方法

最初，可以先做两次人工呼吸，再用拳头打击胸骨中心试试看，若心脏不搏动，则连续做心脏按压15次，然后，人工呼吸来两次。这样耐心细心地做下去。重点是不要打乱每秒钟一次心脏按压的频率。虽然只有一个人在做人工呼吸和心脏按压，但是一定不要着急，必须遵循上述操作规程。

9. 两个人进行人工呼吸和心脏按压的方法

如果有人过来跟你一起帮忙的话，那么应该由

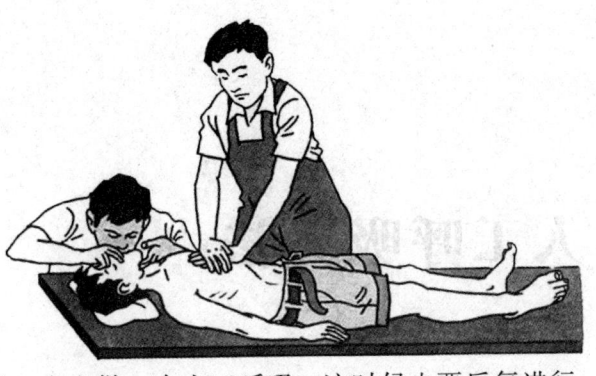

一个人做五次心脏按压后，另一个人做一次人工呼吸。这时候也要反复进行，在做人工呼吸的时候，一定要注意心脏按压者手的动作，在其停止力压的一瞬间，立即吹气。这时，一定要按照每秒一次的心脏按压频率进行。

10. 一旦心跳开始，立即停止按压

怎样判断一个人心脏是跳动还是不跳动呢？首先，触摸患者的手足，若温度略有回升，则进一步检查颈动脉搏动。若有一点脉搏的跳动，那么就说明是心跳开始，此时应立即停止心脏按压。

如果在心跳开始的时候，再持续按压一段时间，这时候要求按压必须与患者的脉搏频率一致，但是这个很难办到，一不小心的话就会引起心跳频率紊乱，遇到危险。甚至会导致心跳再次停止，所以，必须一面注重观察，一面做好再次按压的预备，这才是正确的。正是因为这个道理，所以不能拿正常人进行心脏按压实验。

11. 即使心脏已跳动，也必须请医师检查

最后提到一点，如果心跳开始恢复正常，在停止做心脏按压的同时，应尽快将患者送到设备精良的综合医院，接受医师的诊治。

虽然呼吸已经恢复，但是对于人体来说，心跳和呼吸是一个很严重的应激过程。有时，由于这种过程，胃肠道等处可能发生穿孔。因此，请专科医师进行适当地诊治是非常必要的。

# 人工呼吸方法

## 口对口吹气法

口对口呼吸法操作简单、气体交换量大、效果好，是老少皆宜的急救方法。具体操作步骤如下：

（1）让伤员腹部朝天，躺在地上。

（2）首先清理患者呼吸道，保持呼吸道干净、无异物。

（3）可以在他的脖子下面垫一个垫子，如衣物等，使患者头部尽量后仰，以保持呼吸道畅通。

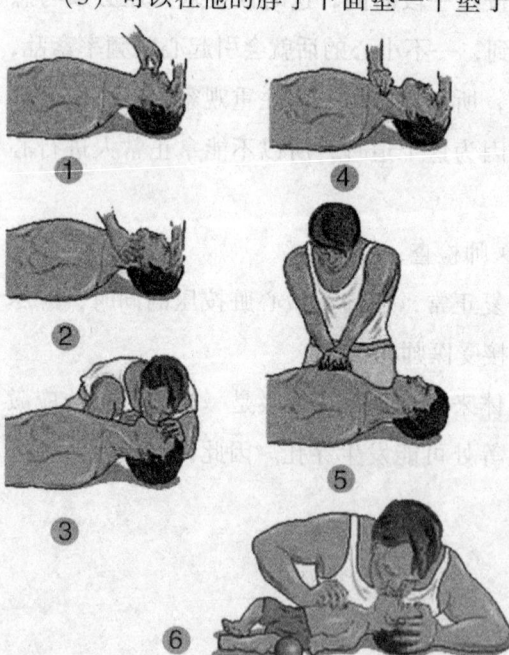

（4）救护人站在其头部的一侧，自己深吸一口气，对着伤员的口（两嘴要对紧不要漏气）将气吹入，造成吸气。为了使空气不从鼻孔里面露出来，应该用一手捏住伤员的鼻孔，当救护人嘴离开，再将捏住的鼻孔放开，还要用一只手压着他的胸部，帮助他呼气，这样反复进行，每分钟进行14～16次。

如果伤员口腔有严重外伤或牙关紧闭时，可对其鼻孔吹气

（必须堵住口），即为口对鼻吹气。救护人员的吹气大小，要根据伤员的具体情况而定。一般以吹进气后，伤员的胸廓稍微隆起为最合适。口与口之间，如果有纱布。则将一块叠了两层厚的纱布或者是一块比较薄的手帕，放进去，但注意，不要因此影响空气出入。

## 俯卧压背法

这类方法比较普通，是人工呼吸中比较古老的一种方法。因为伤员是俯卧位，舌头能略向外坠出，不会堵塞呼吸道，救护人不必专门来处理舌头，在短时间内将舌头拉出来固定好并不是一件容易的事情，所以这样的体位可以节约时间，进行人工呼吸。气体交换量小于口对口吹气法，但是它的成功率比下面的几种方法要高。主要应用于抢救触电、溺水。但对于孕妇、胸背部有骨折者不宜采用此法。

操作方法：

（1）溺者俯卧，用毛巾或衣服垫在腹下，溺者一臂前伸，一臂弯曲，头则向一边放在屈臂上，使口鼻呼吸通畅。

（2）救护人面向其头，两腿屈膝跪地于伤员大腿两旁，把两手平放在其背部肩胛骨下角（大约相当于第七对肋骨处）、脊柱骨左右，大拇指靠近脊柱骨，其余四指稍开微弯。

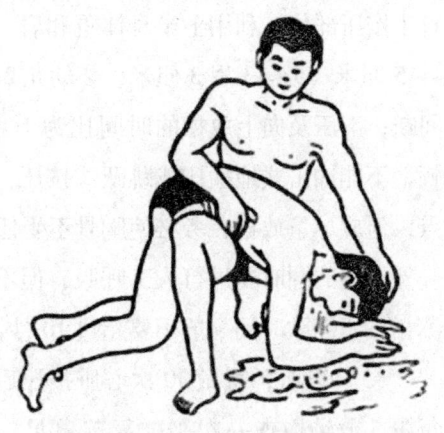

（3）救护人俯身向前，慢慢地用力向下压，用力的方向一定是向下、稍微向前推压。当救护人的肩膀与伤员肩膀成一直线时，不再用力。在向下、向前推压的过程中，已经将肺部的空气压了出来，形成了呼气，然后慢慢放松回身，使外界空气进入肺内，形成吸气。

（4）按上述动作，反复有节律地进行，每分钟 14～16 次。

## 单人操作复苏术

当发现被救者的心脏、呼吸均已停止时,如果现场只有一人,此时应:

(1) 将被施救者去枕平卧,安置在平硬的地面上或在其背后垫一块硬板。

(2) 先检查呼吸道情况,清除呼吸道的分泌物、呕吐物及异物,有义齿托者应取出牙托。仰额举颌、开放气道,一手置于前额使头部后仰,另一手的食指与中指置于下颌骨近下颏(颔)的位置,将颏部向前抬起,拉开颈部。

(3) 应立即对被救者进行口对口人工呼吸和体外心脏按压。开放气道后,捏住被救者的鼻翼,用嘴巴包绕住被救者的嘴巴,连续吹气两次。

(4) 立即对被救者进行体外心脏按压30次,按压频率每分钟80~100次。按压方法:抢救者一手掌的根部紧放在按压部位,另一手掌放在此手背上,两手平行重叠且手指交叉互握抬起,使手指脱离胸壁;抢救者双臂应绷直,双肩中点垂直于按压部位,利用上半身体重和肩、臂部肌肉力量垂直向下按压,使胸骨下陷4~5厘米(5~13岁3厘米,婴幼儿2厘米);按压应平稳、有规律地进行,不能间断;下压及向上放松的时间比为1:1。按压至最低点处,应有一个明显的停顿,不能冲击式地猛压或跳跃式按压;放松时定位的手掌根部不要离开胸骨定位点,但应尽量放松,务必使胸骨不受任何压力;按压频率为100次/分钟为佳。在胸外按压的同时要进行人工呼吸,但不要为了观察脉搏和心率而频频中断心肺复苏,按压停歇时间一般不要超过10秒,以免干扰复苏成功。

(5) 以后,每做30次心脏按压后,就连续吹气两次,反复交替进行。同时每隔5分钟检查一次心肺复苏效果,每次检查的时候心脏复苏不能中断5秒以上。

## 仰卧压胸法

这种方法可以观察到伤员的表情,而且可以使气体的交换量跟正常的呼吸一样,但是值得注意的是,伤员的舌头因为仰卧而后坠会阻碍空气的出入。所以做本法时要将舌头按出。淹溺及胸部创伤、肋骨骨折伤员不适合用这种姿势。

操作方法：

（1）让伤员卧着，背部可以稍微加点东西，使他的胸部凸起来。

（2）救护人屈膝跪地于伤员大腿两旁，把双手分别放于乳房下面（相当于第六、第七对肋骨处），大拇指向里，靠近胸骨的下端，其余四指向外，放于胸廓肋骨之上。

（3）向下稍向前压，其方向、力量、操作要领与俯卧压背法相同。

# 脱臼时应采取的方法

脱臼又称关节脱位。因为外力或者其他的原因造成关节各骨的关节面失去正常的对合关系。脱臼因外伤引起者为外伤性脱位；由于关节病变发生的变化叫做病理性脱位；脱位后，关节面完全没有对合的关系叫做完全脱位；部分没有对合的关系为半脱位。

（1）为避免伤者再度跌倒，应该帮助他躺下去或者坐下，顺便检查其他地方有没有受伤，并检查远端脉搏，让病患安静。为防止再次休克，坐姿最好。

（2）减轻疼痛的部位的最佳办法就是固定脱臼。自救的时候可以用杂志、厚报纸或纸板托住手肘，然后用三角巾，将手肘固定在胸部，这样可以减少肩关节的活动，减少疼痛。禁止进食，因为可能需要全身麻痹治疗，可以用聊天的方式转移患者的注意，然后用冰敷减轻患者的疼痛及肿胀，若要移动病患，尽量选择让他自己动，如果他没有办法自己动的话，那么你可以用手扶着他的手肘或者腕部，同时可用一个小枕头或软垫，置放在病患伤侧上肢内侧及胸部之间。

如果患者可以忍受疼痛的话，最好的办法就是复位。就肩部脱臼而言，可考虑双手紧握病患伤肢手肘，形成90°，施救者将另外一只脚踩在患者的腋下，

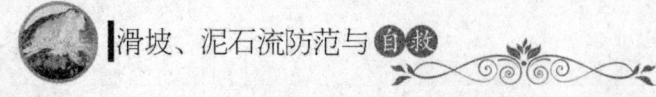

然后用力向前来，向下拉，就可以使它恢复原状。

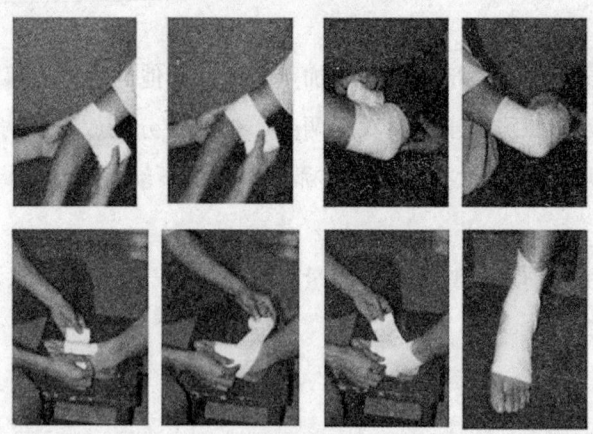

# 骨折时应采取的方法

（1）找到夹板将受伤的地方固定，注意固定的时候不能太紧。还需要在木板和肢体之间加上一些松软的物品，再用带子绑好，木板应该长出骨折的部分两个多关节，如果没有木板可用雨伞、树枝、擀面杖、报纸卷等物品代替。

（2）如果伤口处还有血流出，应该先用干净消毒的消毒纱止血，压迫止不

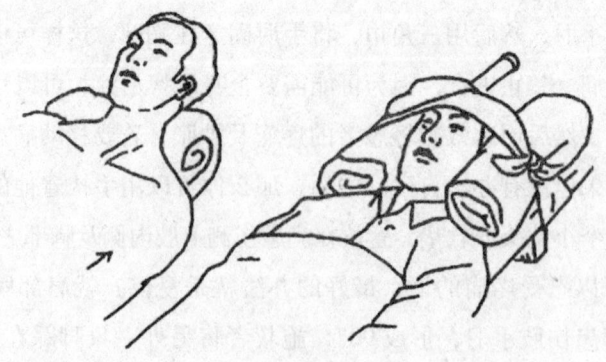

住血时,可以选择用止血带环扎伤口的上方(近心端)止血。

(3)大腿骨折时,内出血可达 1000 毫升(人体总血量大约 4000 毫升)。如果包扎固定太紧的话容易产生神经麻痹,需密切注意患者状况,避免因失血过多引起的昏迷、休克甚至死亡。

温馨提示:

(1)现场处理方式比较多,具体情况具体分析,对于轻度无伤口骨折,尚未肿胀时,如果有条件的话,应该先进行冷敷处理,使用冰水、冰块或者冷冻剂敷住骨折部位防止肿胀。冰冻的水,如矿泉水或者纯净水都可以。但是不能使用自来水,固定之后再去医院。

(2)止血可采用压迫止血方法。但是一定要记录下用布带、绳子捆扎止血时的时间,一般情况下不能超过一个小时,因为过长时间会导致肢体缺血坏死。一般每小时需放松止血带至少 5 分钟。出血如果是暗红色且出血速度比较慢则为静脉血,要选择在伤口远心端做包扎。如果出血颜色鲜红且呈快速涌出状,是动脉血,要选择在近心口处做包扎。如遇骨折端外露,不要将骨折端放进原来的地方,应继续保持外露,这样可以避免将细菌带入伤口深部引起深部感染。如果骨折端和脱位的关节复位了,那么应该跟医生说明。

(3)上肢骨折可以扶着伤员到医院,但是脊柱、腰部及下肢骨折必须用担

架运送，并且在搬运伤员的时候一定要确定伤员的具体情况，不能搬动或者挪动伤者肢体，避免造成第二次伤害。

（4）如果是颈椎部位的骨折，如果采取不正确的方法可能会造成颈部脊髓受损，发生高位截瘫，严重的时候甚至可能导致生命安全。胸腰部脊柱骨折时，如果采取不恰当的搬运也可能损伤胸腰椎脊髓神经，发生下肢瘫痪。正确的方法是，如果担心对方是脊柱受伤，应该就地取材固定，再搬运伤者。四肢骨折处出现局部迅速肿胀，很有可能是骨折端刺破血管引起内出血，可以找一些木棍等固定骨折处，并可对局部用毛巾等压迫止血。这时候千万不能随意搬动伤者，因为这样容易造成骨折端刺破局部血管导致出血。

# 伤员的包扎

## 包扎的适用范围

包扎是各种外伤中最常用、最基本的急救技术之一。包扎得当，有压迫止血、保护伤口、防止感染、固定骨折和减少疼痛等作用。

在下列情况中，包扎常被应用。

（1）普通外伤：伤口较大、较深，出血量较多，疼痛剧烈。

（2）骨折：局部骨折及全身骨折。

（3）其他外伤：烧伤、动物抓咬伤等。

包扎材料以绷带、三角巾、方形长带最为多见。在现场急救时，如没有专用的绷带和三角巾，可将衣物、床单、手巾等物撕成布条来代替绷带，也可将衣物、床单（以棉质为首选）裁成三角巾。目前，已有各种新型的绷带面市，

如弹性绷带、自黏绷带等。绷带包扎一般用于固定肢体、关节，或固定夹板等。三角巾包扎主要用于包扎、悬吊受伤肢体等。

温馨提示：

包扎要及时正确。遇到伤员大出血或骨折等情况时，错误的包扎会导致伤口感染、肢体坏死等后果；而不为伤员进行包扎，则可能会因持续出血而导致死亡。只有及时、正确的包扎，才能够帮助伤员止血、保护伤口，挽救生命。

## 包扎的方法

（1）环形重叠缠绕：这是绷带包扎中最常见的方法。第一圈环绕稍作斜状，第二、三圈作环形，并将第一圈斜出一角压于环形圈内，最后用黏膏将带尾固定，也可将带尾剪成两个头，然后打结。

（2）蛇形法：此法多用于夹板之固定。首先将绷带按照环形的形状缠绕，按绷带宽度间隔斜着上缠或下缠。

（3）螺旋形法：此法多用于肢体粗细相同处。先按环形法缠绕数圈。上缠每圈盖住前圈三分之一或三分之二呈螺旋形。

（4）螺旋反折法：此法应用肢体粗细不等处。先按环形法缠绕。待缠到渐粗处，将每圈绷带反折，盖住前圈三分之一或三分之二。依此由下而上地

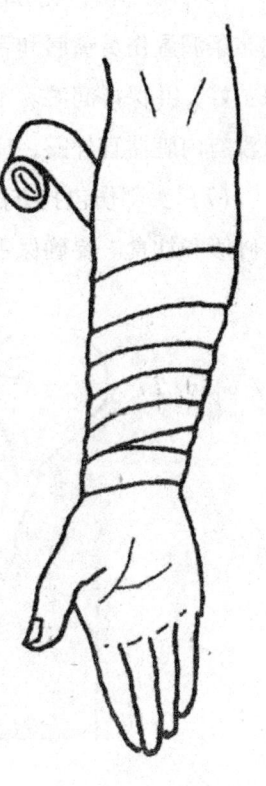

缠绕。

（5）胸部伤包扎方法：如果胸腔受伤穿孔，吸气时胸腔扩展，空气会进入伤口，引发肺功能衰竭，这是胸部伤引起的最大危险之一。应及时用手掌捂住伤口，阻止吸气时空气进入。伤员仰卧，头和肩膀倾向受伤的一边。用大块疏松湿润的敷剂堵塞伤口，或者利用塑料片或铝箔（最好外包一层凡士林），用绷带包扎好。

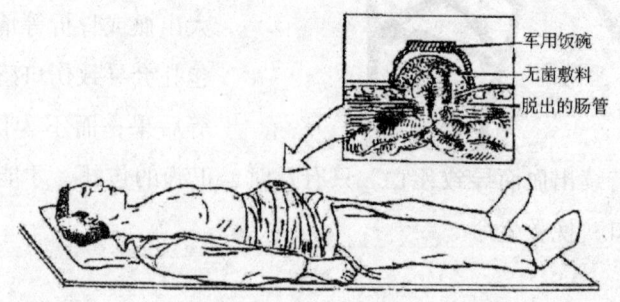

（6）腹部伤包扎方法：腹部受伤可能会损坏内脏器官，引起内出血。用湿润布条润湿伤员嘴唇和舌部，会使伤员感觉好些；如果伤员肠子流出腹腔，要保护好，并保持润湿。不要企图把它复位，这会为营救后的手术带来麻烦。如果没有内脏器官外露，应将伤口清洗包扎好。

（7）头部伤包扎方法：头部受伤很可能会伤及脑部，伤口也可能会影响正常呼吸和饮食。要确保舌根不会抵住喉管，使得呼吸通畅，必须除去义齿。

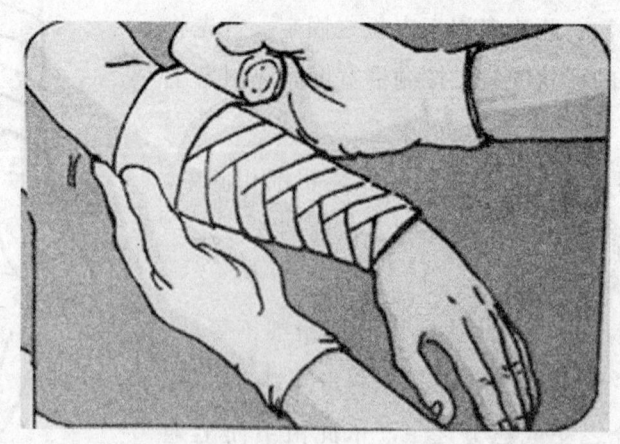

注意事项

（1）打好绷带的要领是，不要过紧，也不能过松。不然会引起血液循环不良或固定不住纱布。如果没经验，打好绷带后，看看身体远端有没有变凉、水肿等情况。

（2）打结时，不要在伤口上方，也不要在身体背后，免得睡觉时压住不舒服。

（3）在没有绷带而必须急救的情况下，可用毛巾、手帕、床单（撕成窄条）、长筒尼龙袜子等代替绷带包扎。

# 休克时应采取的方法

休克是一种急性的综合征。在这种状态下，全身有效血流量减少，微循环出现障碍，导致重要的生命器官缺血缺氧。即使身体器官需氧量与得氧量失调。

遇到休克伤员，应该立刻找到病因，将他救助，这是最理想的办法。但是如果没有找到病因的话，应该立刻采取措施，立即送院救治。

（1）如果有可能，不要搬动、打扰伤员，使他保持安静。

（2）松解伤员衣领、裤带，使之平卧。休克比较严重的，应该将他的头部放低，将他的脚抬高。但是对于头部受伤、呼吸困难或有肺水肿者不宜采用此法，只稍稍抬高他的头部即可。

（3）注意伤员保暖，但不能过热。

（4）可以给伤员喝一些姜糖水、浓茶等热饮料。

（5）有肺水肿、呼吸困难者，应给予氧气面罩。